南京艺术学院校级项目·项目批准号 XJ2013011
江苏高校优势学科建设工程资助项目

盛世大堂

顶级大堂设计与建筑摄影（空间）表现

·

贾方 著

江苏凤凰科学技术出版社

图书在版编目（ＣＩＰ）数据

　　盛世大堂 ：顶级大堂设计与建筑摄影（空间）表现 /
贾方著. -- 南京 ：江苏凤凰科学技术出版社，2015.7
　　ISBN 978-7-5537-4199-4

　　Ⅰ．①盛… Ⅱ．①贾… Ⅲ．①室内装饰设计－图集
Ⅳ．①TU238-64

　　中国版本图书馆CIP数据核字(2015)第048352号

盛世大堂——顶级大堂设计与建筑摄影（空间）表现

著　　　者	贾　方
项 目 策 划	凤凰空间/李媛媛　白　雪　王若冰
责 任 编 辑	刘屹立
特 约 编 辑	白　雪

出 版 发 行	凤凰出版传媒股份有限公司
	江苏凤凰科学技术出版社
出版社网址	南京市湖南路1号A楼，邮编：210009
出版社网址	http://www.pspress.cn
总 经 销	天津凤凰空间文化传媒有限公司
总经销网址	http://www.ifengspace.cn
经 　 销	全国新华书店
印 　 刷	利丰雅高印刷(深圳)有限公司

开 　 本	965 mm×1 270 mm 1 / 16
印 　 张	20
字 　 数	160 000
版 　 次	2015年7月第1版
印 　 次	2015年7月第1次印刷

标 准 书 号	ISBN 978-7-5537-4199-4
定 　 价	318.00元（精）

图书如有印装质量问题，可随时向销售部调换（电话：022-87893668）。

前 言
PREFACE

　　大堂是建筑内部空间、文化、形象的集中展示区域，是最能给宾客留下深刻印象的地方。因此，大堂环境的营造是建筑内部空间设计的重要内容。

　　酒店、会所大堂，是宾客进入酒店和会所的第一个视觉焦点，也是客流量的疏通枢纽，所以酒店、会所大堂设计在整体室内设计中占据着很重要的地位。

　　办公空间大堂，不仅具有树立项目品质形象的作用，在现代办公楼宇中，更赋予了大堂多重辅助的办公功能，包括接待功能、指示功能、休息功能和商务功能等。办公大堂的多重功能组合提升了整体空间的形象。

　　售楼处大堂，是集中展现楼盘项目特征、进行买卖交易和管理办公等的整合体。作为销售活动的中心，未来销售的谈判、签约等一系列活动都集中在此处完成。所以，人性化的售楼处大堂布置和设计影响着消费者的消费心理及对房地产开发商的信息的接受程度，同时也会在一定程度上促成销售成交。

　　综上所述，由大堂空间延伸到整个建筑所反映的问题与大众生活息息相关。由于大众文化传播时代的到来，建筑摄影不再只是建筑行业的服务者，也开始反映着当代民众对建筑的态度。

　　当代的建筑摄影不仅扮演着建筑信息传播者的角色，同时也站在大众传播的立场观看建筑。

　　因此，在这个时代，建筑摄影不仅是建筑设计的媒介，也是大众文化的媒介，越来越多的杂志、报纸、网络等媒介利用建筑照片品鉴建筑、评论建筑现象，这些都依赖于在摄影照片中对建筑信息的充分体现，并向公众表明，看，就是这样，这就是事实。

　　本书共辑录国内顶级公共空间大堂案例40个，具体包括酒店会所大堂、办公空间大堂和售楼处大堂三个部分，试图对当今流行的大堂设计进行全面展示和剖析，希望能给建筑设计师、室内设计师、建筑摄影师等提供参考和借鉴，为他们拓宽设计思路提供点滴源泉。

贾方

2015 年 4 月 17 日南京

CONTENTS 目录

酒店 会所
HOTEL CLUB

办公空间
OFFICE

售楼处
SALES OFFICE

建筑空间的摄影表现
THE PHOTOGRAPHY PERFORMANCE OF ARCHITECTURAL SPACE

Hotel 酒店

Club 会所

项目地址：福建省厦门市湖滨中路与湖滨南路交叉口东北侧
设计单位：杨邦胜酒店设计集团
设计主创：杨邦胜
项目面积：71 000 平方米
设计特色：茶文化、现代欧式、东方气质

厦门源昌凯宾斯基
大酒店大堂

该项目坐落于风景旖旎的海滨城市厦门，帆船形态的建筑外观和玻璃幕墙极具视觉美感。该项目是当地的标志性建筑，地处市中心的绝佳位置，可俯览筼筜湖的迷人美景，远眺璀璨的城市天际线。

酒店设计秉承了"凯宾斯基"这一欧洲最古老酒店品牌的奢华与经典，以米黄色、深棕色为主调，设计用材注重高贵的质感，彰显其厚重、沉稳、不事浮夸的品牌风范。同时，将代表地域特色的文化元素和谐地融入其中，带来更深层次的文化共鸣和尊贵体验。酒店的整体设计既传承了欧式经典，又完美地表达了设计师的东方情怀。

酒店大堂挑高 17 米，为避免大面积深色的压抑感，采用大量弧线及圆形作为空间分区和装饰。从天花板垂直而下的圆柱形酒塔、圆形楼梯接口与大堂吧台对应，既丰富了空间，又构成了这个高尺度空间的视觉主线。设计采用中式花格作为背景和屏风，展现中式特色的同时尽显庄重与高贵。而白鹭、三角梅的装饰元素就如同一枚枚地域印章烙在酒店各处，让人感受到浓郁的厦门地域气息。

项目地址：四川省成都市高新区天府三街大源中央公园南区商业/部分
设计主创：杨焦
设计团队：王峰、董美麟
项目面积：7000 平方米
主要材料：树脂、艺术玻璃、大理石、不锈钢、手绘、皮雕、云南五彩石、
　　　　　云南老木头、仿金属、青砖

老房子·元年食府
华粹元年大堂

"华粹元年"在空间规划上分为两大板块："华彩堂"和"纯粹廊"，前者打造的是专业宴会厅，强调色彩的丰富和韵律感；后者构建的是个性化包房，强调色彩的干净和简洁。

室内空间弥漫着音乐的韵律感。接待厅的地面拼图是螺旋发散的音符节奏，而立面四周高高悬挂的半透明装置挂件与地面相呼应，好像一串串悦耳的铃声从天而降。主宴会厅四周起伏蜿蜒的格栅，是五线谱的一种象征；天棚上暗藏的五组LED彩色灯光，变幻的正是"华彩"主题。除此之外，温馨、知性的小宴会厅以老黑胶唱片和书籍作为装饰，营造了音乐书房的味道。而休闲区的中庭部分，几百根长笛自上而下，在光影摇曳中悠扬吟歌。总之，所有区域在简单而干净的调子中洋溢着音乐的气息。

"纯粹廊"自东向西曲折延展，两层楼的建筑自然地分成了四个包房区域，无论是包房区域还是公共空间，在设计理念上皆以色彩的干净和文化的纯朴为主线，几乎都是通过两个主色调的对话，彰显餐厅的"纯粹性"。

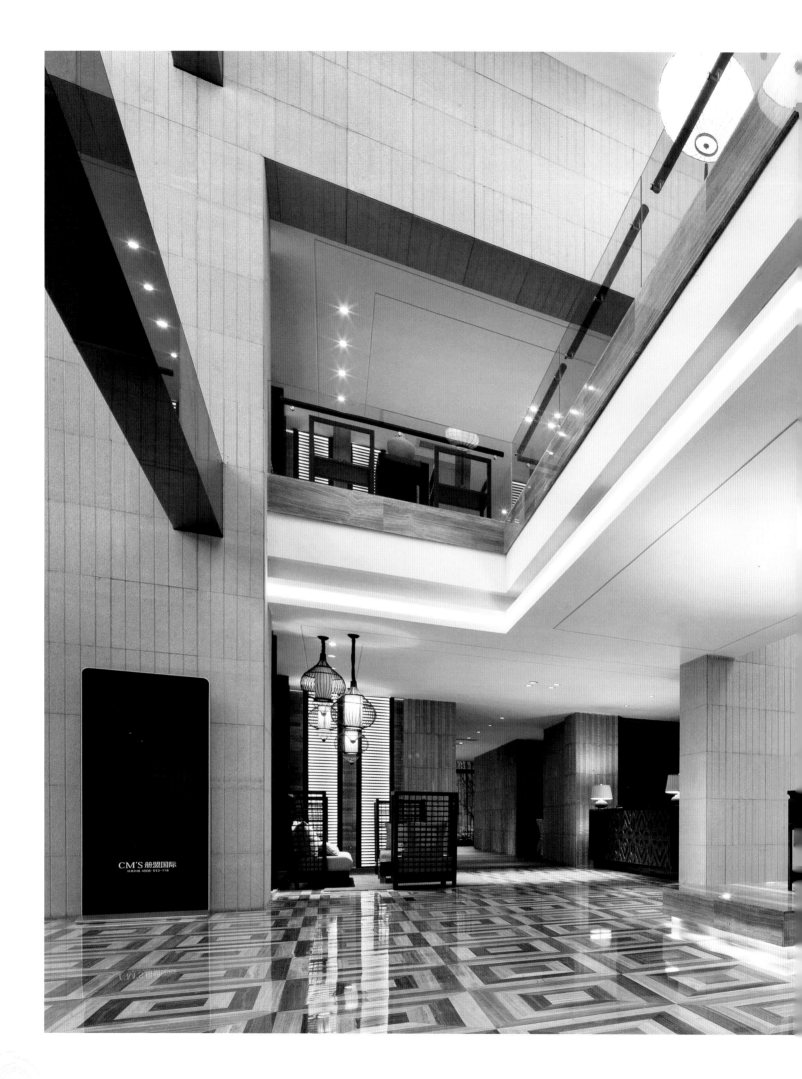

CM'S 册盟国际

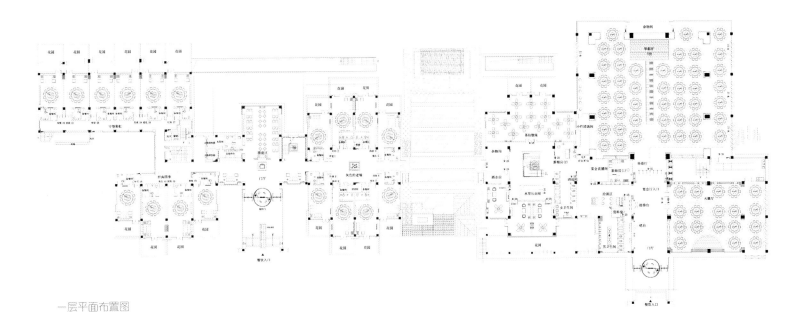

一层平面布置图

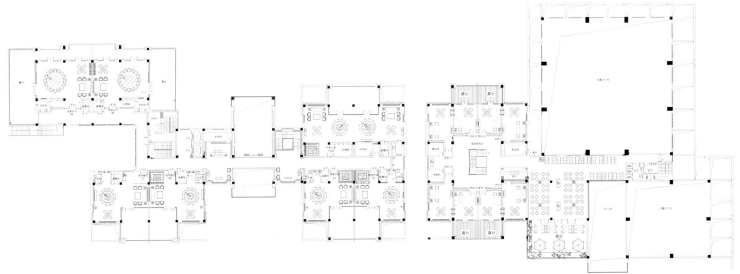

二层平面布置图

项目地址：浙江省绍兴市新建南路 55 号
设计单位：杭州陈涛室内设计有限公司
设计主创：陈涛
设计团队：王仁洪、黄珏、丁永钞
项目面积：35 820 平方米
主要材料：古典金大理石、654# 花岗岩、仿旧铜、黑杏木、酸枝木

绍兴咸亨集团鲁迅故乡
主题文化酒店大堂

　　咸亨酒店原来是绍兴的一个旅游景点，人们来到这里喝黄酒、吃茴香豆，然后和孔乙己的雕塑合个影。现在的咸亨酒店是在保留那幢小酒店后的一个开发项目——咸亨新天地，集合了五星级酒店原有堂食的升级和商业街等。

　　该项目以鲁迅文化为主题，重点突出绍兴的地域特色。大堂的风格是以绍兴的"吕府"为蓝本，强调绍兴的原味。色调以江南的黑、白、灰色为基调，大堂以文房四宝为装饰，营造空间意境，中心以三支抽象化的笔体现鲁迅一生以笔为"武器"，并用浪漫主义的表现形式彰显文化主题，营造个性化且充满文化内涵的特色文化酒店。

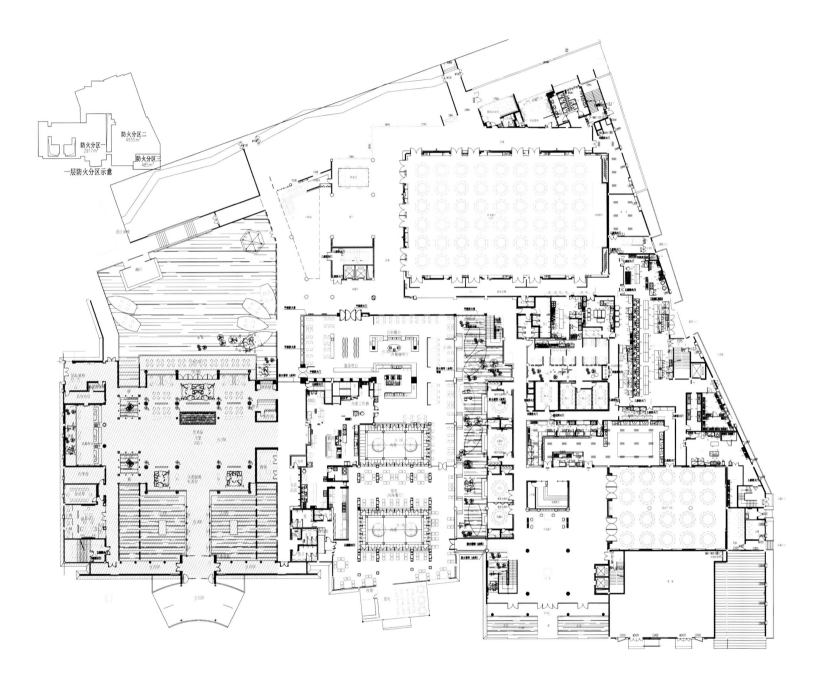

大堂平面布置图

项目地址：江苏省常州市武进区高新技术产业开发区西湖路2号
设计主创：王琼

常州香格里拉大酒店大堂

常州香格里拉大酒店选址于常州市武进区的淹城，设计之初充分考虑和挖掘酒店所在地的文化脉络，将之转化为酒店室内设计的元素，再与香格里拉酒店的设计标准和理念相结合，打造出既现代国际又传统优雅的特色酒店空间。淹城的三城三河图形、龙形、城墙砖、水等元素是设计的灵感源泉。

大堂是酒店的灵魂，是聚合、分散之所。此空间的难点是7排14根建筑结构柱。设计师充分运用淹城的三城三河图形，使用向心的空间造型，通过顶、地、墙的搭配，营造了一个极具冲击力的聚合的大堂接待和等待空间。大堂水晶灯也暗合此向心的三个圆形，并进行了拉伸变形，搭配其下方鲜艳的花台，尽显独特、自然与技术之美。接待台背后使用具有常州特色的青绿山水的立体乱针刺绣艺术品。大堂休息区背后使用由金属析出的一条条抽象的龙，暗合龙城的寓意。大堂地面使用根据古城墙模数拉伸演变的图案，并将此模数解构、拉伸、扩展到墙面硬包金属条模数和顶面造型的分割模数。

大堂吧是大堂的空间延伸和扩展，设计语汇也是相通的。大堂酒廊的落地玻璃窗坐拥溪湖美景，再搭配10米高的共享空间，是最理想的休闲场所。大堂吧地面沿用大堂中心地毯的蓝色和紫色，再配以自然的卷草图案，让人感受到雅致、温馨的氛围。大堂吧左侧是结合了传统与现代气息的水吧台，提供和展示当地的美味茶饮，最右侧是钢琴和乐手表演台，让人一边享用精选茶茗和鸡尾酒，一边在悦耳的音乐中欣赏溪湖美景，实乃赏心乐事也。

总的来说，常州香格里拉大酒店是在充分挖掘当地历史文化脉络的基础上，通过现代化的设计手法，运用多种材料，打造的独特、自然、轻松的现代国际化五星级豪华酒店。

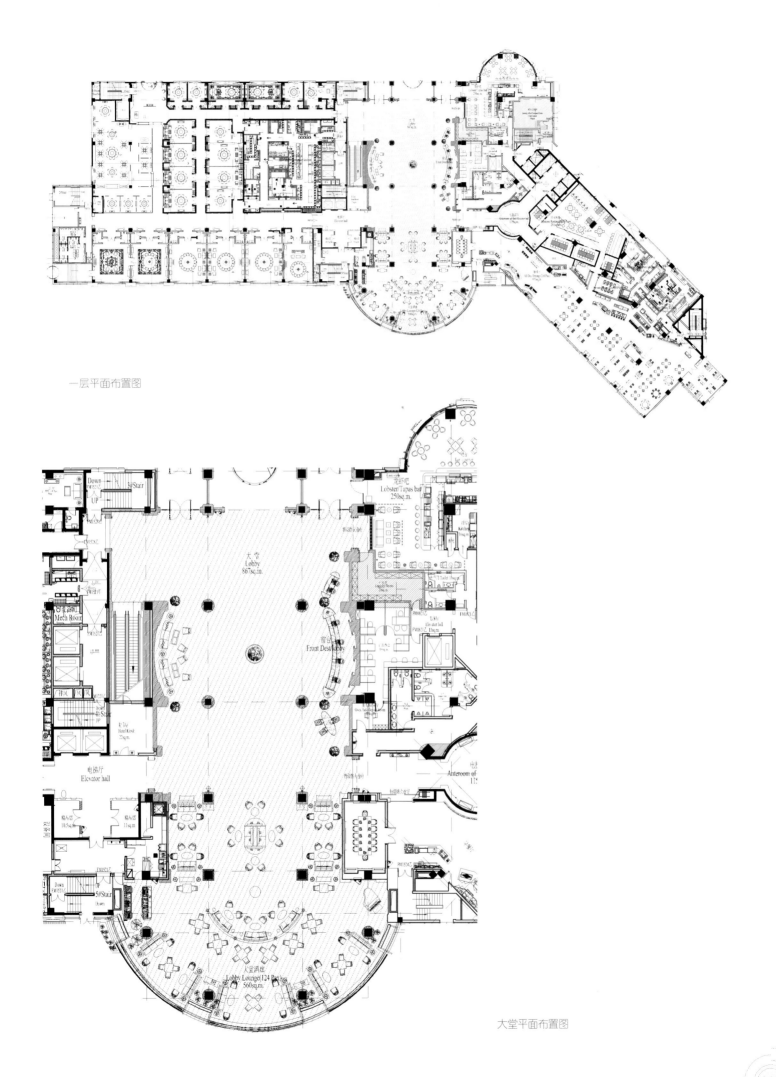

一层平面布置图

大堂平面布置图

项目地址：浙江省上虞市新河路2号
设计单位：杭州大相艺术设计
设计主创：蒋建宇
设计团队：李水、董元军、郑小华、楼婷婷
项目面积：52 000 平方米
主要材料：柚木、木化石、珍珠黑花岗岩、西西里灰大理石

浙江上虞宾馆大堂

项目位于上虞市的一个私家山顶上，山体前低后高，自然景观优美且浑然天成。

该宾馆设计采用传统复兴风格，在保留传统地域建筑基本构筑和形式的基础上加以强化处理，突出文化特色以及地域特色——上虞特有的"禹文化"、"青瓷文化"、"江南文化"，在细节的考究和整体的协调方面打造经典中国风。

该宾馆设计汇集了诸多与中国古典文化及上虞本地历史文化相关的设计元素，凝聚了深厚的人文情感，在宛若世外桃源的山脉上重新演绎着历史风情。情景交融不再是片刻的感慨，在建筑的每寸空间中都可以享受大自然的气息。清新、宽敞、明朗的空间中，纵观全景的玻璃墙，俏而争春的盆栽，俨然与户外景观浑然一体。

宾馆大堂空间、多功能会议室、精美百态宴会厅、顶层空中花园共同构建了恢宏、华丽的会所式酒店，彰显出契合人性本质的大气。宾馆无论是布局、摆设还是细节，均展现出厚重、丰饶的人文内涵，庄重而不显呆板。现代设计手法与古老风格元素相结合的表现方式巧妙地呈现出具有冲突感的视觉效果，也成功地营造了理想化的儒雅情景。

汇集中国古老元素与现代工艺科技的上虞宾馆采用了通常被用于建筑外墙的灰砖作为内部装修建材之一，使建筑兼具特殊的美感与功能；以如今较少使用的传统建材彰显传统文化，堪称成就空间典范的又一构思。在每个空间内部随处可见木雕屏风、青瓷洗脸台，以现代建筑艺术阐释中国江南建筑风格。

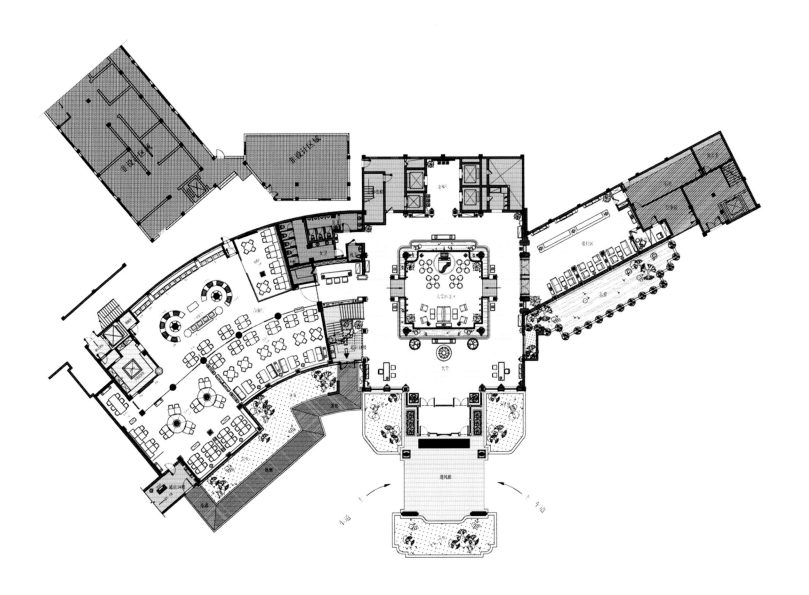

大堂平面布置图

项目地址：浙江省温州市乐清市乐成镇四环路（南草垟）瑞丰路 25 号
设计单位：杨邦胜酒店设计集团
设计主创：杨邦胜
项目面积：60 000 平方米
设计特色：国际化、营造极富体验的酒店空间
所获奖项：2010 年"艾特奖"——"最佳照明设计奖"
　　　　　2010 年"金堂奖"——"十佳酒店空间设计作品"

温州天豪君澜大酒店大堂

酒店位于乐清市中心区，东临乐清主干道四环路，南隔银溪路城市公园，西依商贸中心绿地，地理位置得天独厚；22 层高框架减力墙结构，火箭发射塔造型，鹤立鸡群，是乐清市的地标性建筑。

酒店整体强调设计的独特性和客人的体验感，以高雅的米黄灰色为主色调，干净、大气的空间中，家居设计考究，艺术陈设丰富且极富酒店韵味。大堂空间布置简约、开阔，由四根大理石圆柱支撑 10 米高的空间，1000 平方米的大堂内，除了满足大堂必备功能需求的设施以外，别无其他多余的装饰，简约、大气。总台后面的琉璃背景，休息区内的抽象图案地毯，成为大堂空间的最佳点缀。

整个酒店的大堂及其细节设计充分彰显出设计的原创性和独特性。

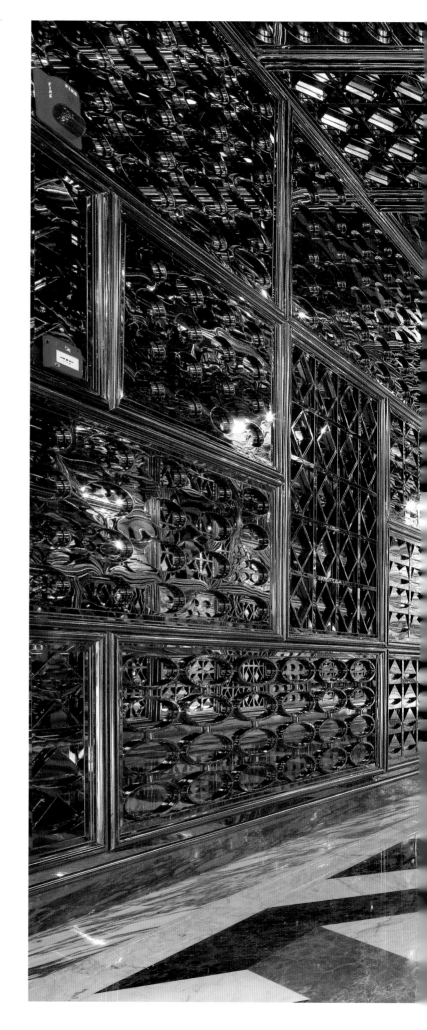

项目地址：四川省成都市人民南路二段 55 号
设计单位：杨邦胜酒店设计集团
设计主创：杨邦胜
项目面积：45 000 平方米
设计特色：改造项目、承古致新、岷山主题、巴蜀文化

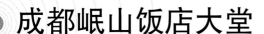

成都岷山饭店大堂

岷山饭店是创新改造工程项目，刷新了成都这座城市中心区的地标。读懂一处酒店，即意会一座城市。岷山饭店的改造方案力求在融合巴蜀文化、契合地域特性的同时，注入最新的国际化创想，古韵悠悠、山水丝竹悦耳之际，释放时尚、现代之感。

大堂内岷山之景与九曲水景构成巴蜀水墨画卷，隽永而高雅，"市花"芙蓉花瓣从空中悬落，水晶茶壶于立柱上熠熠生辉，横亘二十载的鲍鱼贝壳所制屏风，成就了一场视觉盛宴。而此独一无二的情景里，更有独一无二的器具为之匹配：大师团队精心定制的灯具、艺术品及家具，为酒店嵌入了"不可复制"的标签。雅致的中国山水，流光溢彩的时尚造诣，在岷山饭店得到至佳的中西融合，高贵间幽香绵长。人是空间的主语，而舒适度便是酒店设计的核心考量。每件家具的尺寸和比例，每个装饰品的摆放位置，都是设计师们精细测算、悉心考量的结果，从而带来从身而心的舒适。

西南巴蜀，唯成都最为雅逸，岷山饭店屹然而立，为青山之间再添从容。酒店定位为精品型城市商务酒店，尽显岷山饭店的辉煌与荣耀。

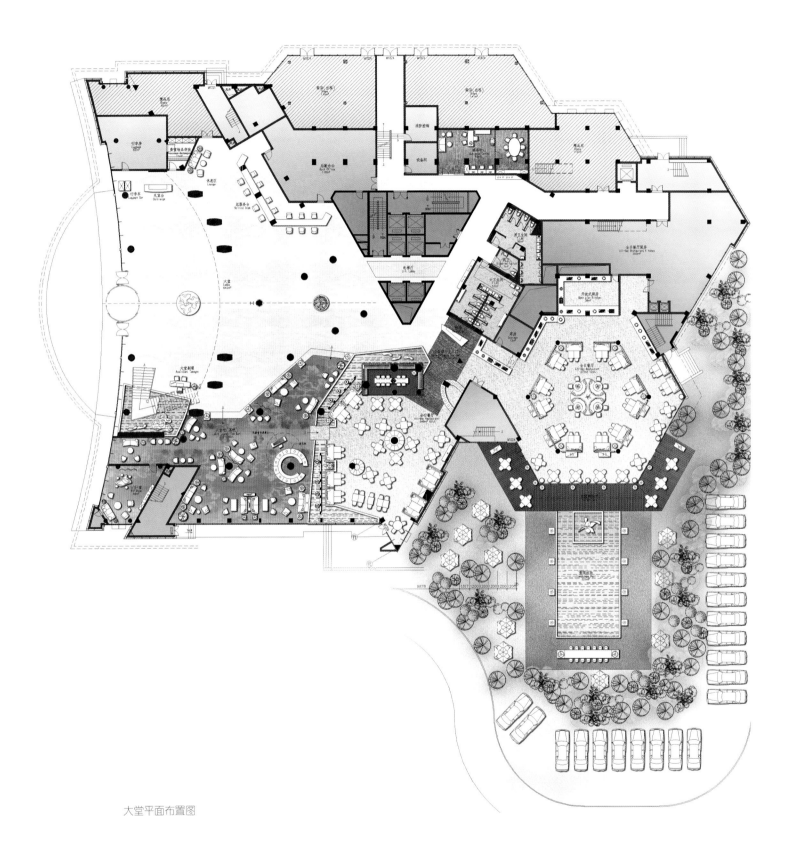

大堂平面布置图

项目地址：重庆市渝北区西湖路 6 号
设计单位：杨邦胜酒店设计集团
设计主创：杨邦胜
所获奖项：第五届 IDC 酒店设计奖之"酒店最佳设计配饰奖"

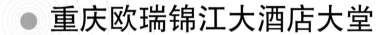

重庆欧瑞锦江大酒店大堂

重庆欧瑞锦江大酒店位于中国内地唯一的保税区重庆市渝北区与江北区交会处，地理位置得天独厚，环境优美，交通便利；设计以"花开富贵"的吉祥寓意为灵感来源。设计提取"花"为造型元素，贯穿整体内部空间，运用色彩的隐喻，抽象地展现了该项目豪华富贵、深沉大气的独特风格。整体空间以暖金色调和深色调的相互搭配为主，雍容华贵的金色调，稳重霸气的深色调，妩媚柔美的花，极具现代质感且精致简练的线条，时尚雅致的家具搭配及陈设，在华丽的光影下，共同缔造了一股清新的低调奢华风。

项目地址：浙江省富阳市富春街道江滨西大道 56 号
设计单位：杭州陈涛室内设计有限公司
设计主创：陈涛
项目面积：30 000 平方米

富阳国际贸易中心
大酒店大堂

　　该酒店位于富春江畔。是一栋集酒店与办公于一体的公共建筑，其中酒店部分总建筑面积约为 30 000 平方米，是一家五星级商务休闲酒店。酒店共 26 层，主体建筑高约 122 米，可俯瞰富春江全景。大堂设在酒店二层部分，布置有总服务台、大堂吧、西餐厅、商场、精品店、迎宾台及大堂副理台。

　　酒店整体设计理念来源于富春江秀美的水文化，在酒店大堂整体造型几何石材运用方面尤为突出。大堂总台背景融入了富春江的水波、孙权故里及雕版印刷发源地等富阳文化遗产。

　　大堂中心水景中从顶部缓缓流下的水帘与自然毛石构成了一幅山水相应的自然风景画。大堂中庭吊顶及两侧墙面水波纹造型犹如富春江水源源不断，西餐厅吊顶参考的江面轮廓与大堂吧边水波状的木条形象地刻画出富春江的柔美景色。

　　步入大堂深处由天然大理石与铜版打造的旋转楼梯中，抬头仰望一盏 5 米高的大型水晶灯从彩色张拉膜中垂悬而下，仿佛江水从天而降，与旁边由自然毛石堆砌的墙面形成对比。

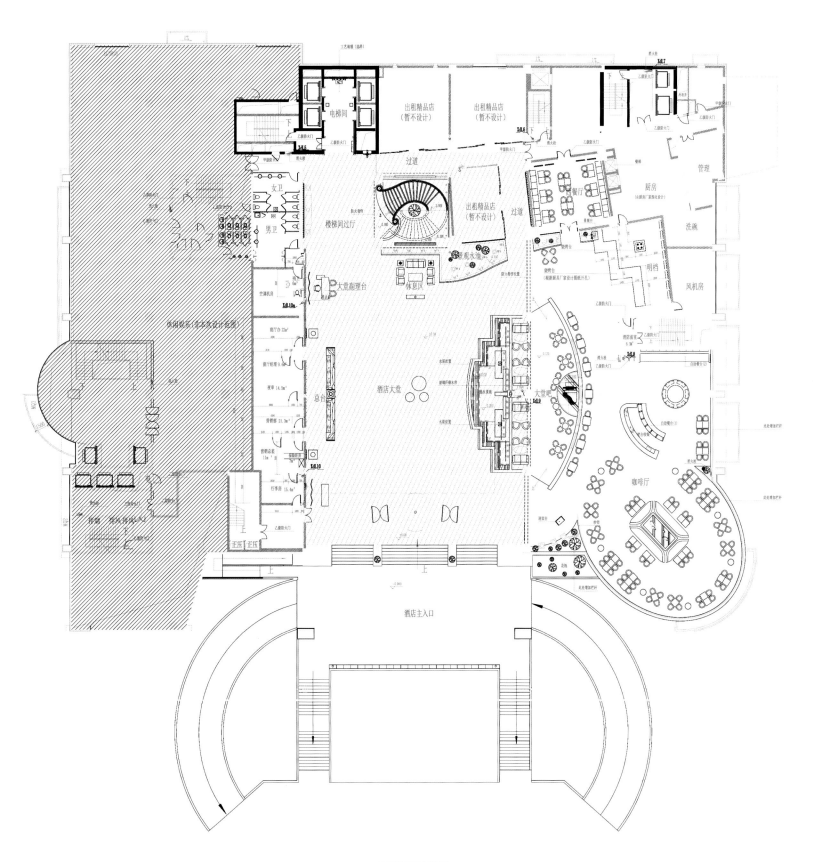

大堂平面布置图

项目地址：浙江省杭州市西湖区龙井路里鸡笼山 86 号
设计单位：杭州陈涛室内设计有限公司
设计主创：陈涛
项目面积：6642 平方米
主要材料：金碧辉煌大理石、水纹咖啡大理石、山水纹大理石、
　　　　　椽木开放漆

雷迪森龙井庄园酒店大堂

雷迪森龙井庄园酒店是雷迪森管理公司经营的一个服务式度假酒店。酒店位于龙井村内，和农居点混杂在一起，周围散布着茶园。虽然离城市很近，却拥有乡村的景象。酒店设计在材质运用方面非常小心，选择一些经济型材料，在营造有质感的表面方面做文章，以木材营造开放的漆面，以石材营造仿古面，这样的处理洋溢着浓郁的休闲度假气息。

酒店的设计风格属于亚洲风格，中餐部分的设计是中式的，而其余部分则融入了巴厘岛风格。酒店的空间特点在于建筑的加建部分，原来是两幢互不相连的建筑，中间的大堂入口是搭建空间，它使两个空间之间有了连接和过渡，指引并丰富了大堂空间。同时，大堂空间延用别墅客厅的设计理念，壁炉在这里是温馨的岛屿。随意摆放的家具使空间多了几分"家"的味道。另一处搭建有了少许的丰富感空间是客房楼的中庭，它原来是露天的，加盖玻璃顶后就有了这个中庭。它是这个酒店的"起居室"，三层的中庭丰富了原本平淡的空间，并与茶吧相映成趣。

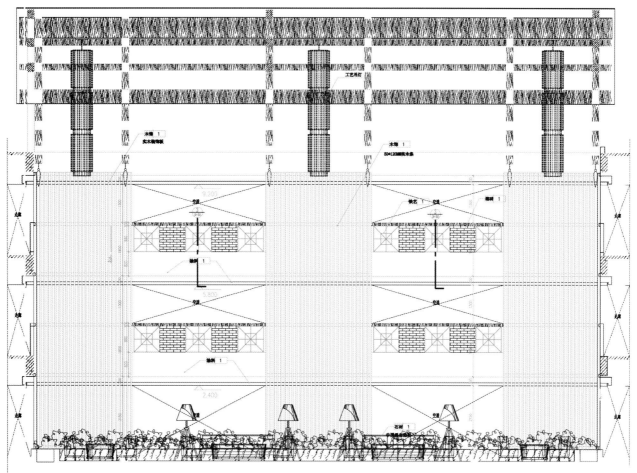

中庭茶吧立面图一

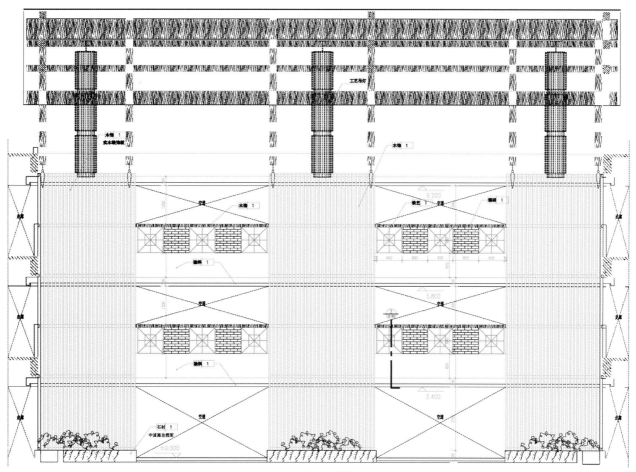

中庭茶吧立面图二

项目地址：浙江省杭州市临安市锦城街道圣园路 88 号
设计单位：杭州陈涛室内设计有限公司
设计主创：陈涛
项目面积：51 000 平方米

杭州青山湖中都
国际度假酒店大堂

杭州青山湖中都国际度假酒店位于中国森林之城临安，是临安首家五
星级生态会议型酒店。

酒店在建筑风格和装修设计方面充分体现了钱王文脉特色，融合了东
西方元素，同时具有地域特色，使人回味无穷。酒店大堂的屋顶采用开放
式的设计，砖红色的木质结构一览无遗，巨大的挑高使大堂空间极具视觉
震撼力。

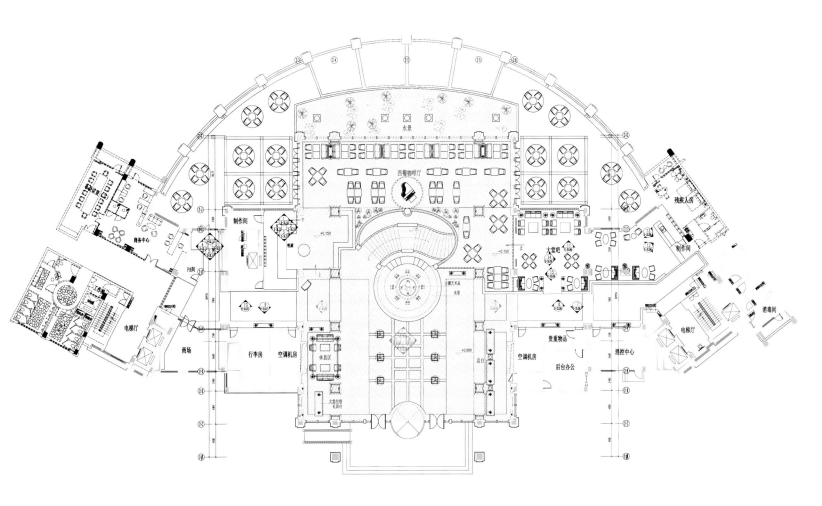

大堂平面布置图

项目地址：广东省惠州市巽寮湾金海路1号
设计单位：杨邦胜酒店设计集团
设计主创：杨邦胜
项目面积：70 000平方米
设计特色：岭南建筑、广东潮州、客家文化

惠州金海湾喜来登
度假酒店大堂

　　惠州金海湾喜来登度假酒店，位于有"东方夏威夷"美誉的惠州巽寮度假区，拥有300余间山海景客房，环拥美轮美奂的金海湾自然生态海湾。

　　酒店设计讲究鲜明的个性和人文内涵，在国际化风格的基础上，运用折中的现代中式手法，休闲质朴但不失其五星级档次和高品位。该项目建筑为中式风格，室内设计沿袭此风格，酒店具有鲜明的中式特色和东方文化神韵。

　　整体设计融东方情调与西方韵味于一体，巧妙将具有中国岭南建筑特色的木构架、藻井、假山叠石等元素融入现代设计中，并与客家民居的白墙、灰砖、潮州木雕、天井等传统岭南文化符号相结合。大堂设计简约、时尚，空间由点、线、面构成，广东民坡屋顶，大面积实墙，简单过渡，连之一体。巨幅沙雕背景，以群鱼追逐彰显潮州渔民民俗风情，古朴而逸趣。水面浮道，连接大堂吧和室外，水面与海面相连，海天一色，室内户外一片静谧。室内陈设选择意大利现代潮流家具，饰以中式藤编、木质镂空，中西融合，浑然天成，纵深贯穿酒店。时空错位的视觉感受，山海相邻的非凡体验，尽显国际五星级度假酒店的休闲特色。

项目地址：吉林省吉林市江湾路1号
设计主创：孙洪涛
设计团队：朱晓龙
项目面积：50 000平方米

世贸万锦酒店大堂

项目位于吉林市世贸广场，紧临松花江岸，是当地一座新的地标性建筑。酒店定位是超五星级豪华商务酒店。酒店内部设计融合中西方古典文化元素。"融合"是思想的碰撞，新潮元素与传统元素的融合，东方文化与西方文化的融合，通常这种手法都强调两种特质的冲突与对比，具体体现在材料的精心选择、空间比例的精准考量、灯光氛围的营造方面。在本案设计中，各元素的混搭尤为微妙，体现在酒店各个空间的细节打造中，表达了"跨界融合，文化大同"的设计精神。

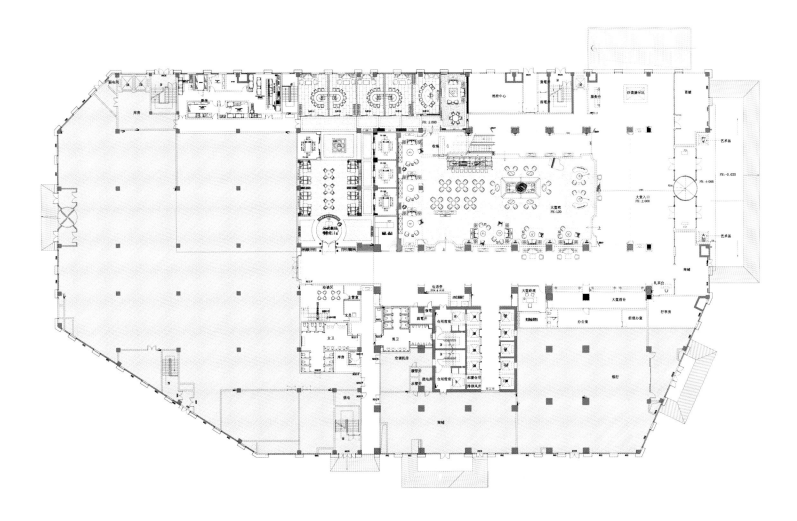

大堂平面布置图

项目地址：江苏省苏州太仓市上海东路 288 号
设计单位：杨邦胜酒店设计集团
设计主创：杨邦胜

太仓宝龙福朋喜来登酒店大堂

太仓宝龙福朋喜来登酒店是一家拥有 446 间客房的国际豪华酒店。

酒店内部空间与大自然和谐相融，不同的区域流畅融合、巧妙呼应，装饰用材凸显自然元素。大堂内米黄色的整体色调清新柔和，地面水波纹的图案呈现出优美的弧度，好似跃动的波浪。精美的装饰物也处处体现与大自然的融合，水晶、镜子、抛光金属、仿水生植物灯具等都提升了整体设计璀璨、辉煌的艺术美感。

大堂中的翠竹景观和流动的水景营造了"山影疏离，水光妖娆"的意境。大堂酒吧中乐声悠扬、杯光浮动，令人心旷神怡。

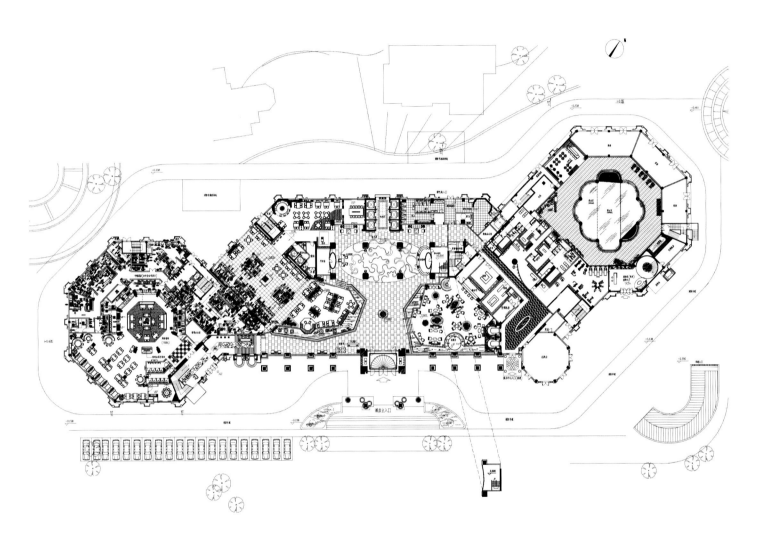

大堂平面布置图

项目地址：浙江省慈溪市杭州湾经济开发区滨海一路 55 号
设计单位：杭州陈涛室内设计有限公司
设计主创：陈涛

慈溪恒源大酒店大堂

慈溪恒元大酒店是国内首家以互动式运动休闲为主题的五星级标准酒店，位于世界上最长的跨海大桥——杭州湾跨海大桥南端。

该酒店属于现代简约风格，色彩、材料的质感具有较高的水准。大堂的装饰设计以优雅的淡黄色为主调，大量使用的大理石材质体现了辉煌、大气之感。大堂顶棚细密的灯饰，好像一片金色的沙滩。前台的立面引入帆船的造型，诸多海边元素的使用都与酒店得天独厚的地理位置相关联。

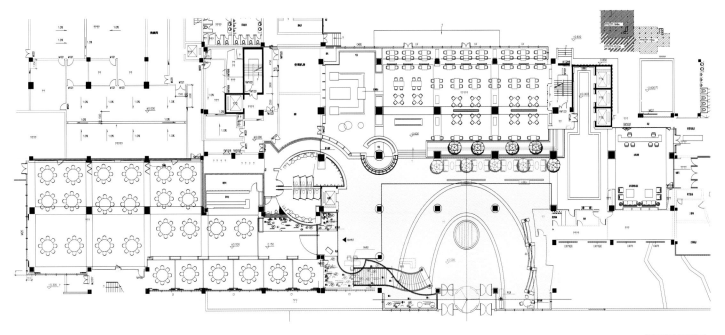

一层平面布置图

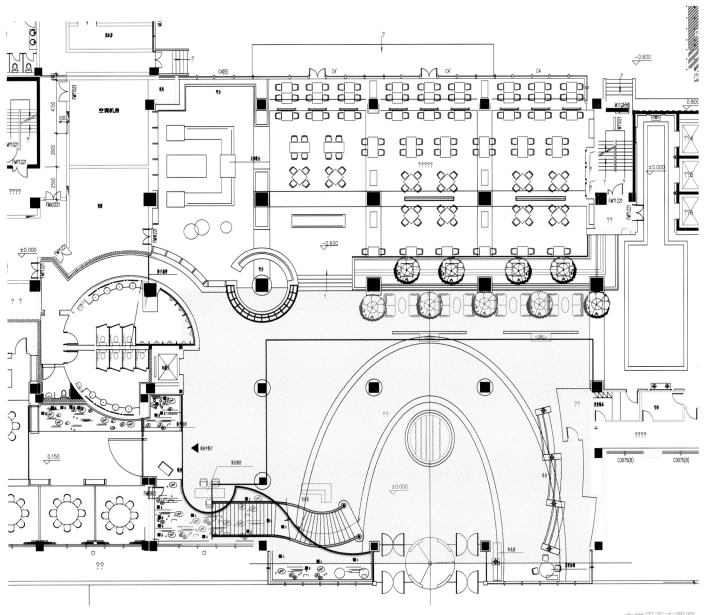

大堂平面布置图

项目地址：江苏省常熟市西门大街 73 号
设计单位：郭轲蔚酒店设计事务所
设计主创：郭轲蔚

常熟金海华丽嘉酒店大堂

常熟金海华丽嘉酒店坐落于江南名城常熟中心地段，远眺虞山，穿梭于绝妙的山景与奢华的情怀之间。

酒店设计充满浓郁的欧式情调，并把古老的东方文化适当地融入其中，营造了一种欧式却不同于传统欧式的风格。整个酒店以浅暖色调为主，在奢华、精致中给人以亲切、舒适之感。

酒店硬装设计采用细腻、夸张的线条以及精致、柔美的墙纸。白色的成品木质线框完美演绎了欧罗巴古典主义的会所酒店。进入酒店，华丽、优雅的氛围萦绕在层次分明的大堂中，聚集了游移的视线；宛如红石榴的水晶灯，轻盈地悬着点点的星光；浅色木制雕刻线条，穿插、游走在织物、铁件、天然石材及地毯上，设计师在"规则中求变化"的巧思，烘衬出大堂的奢华气度。于喧嚣中寻找宁静的一隅，循着花香而去，打造温馨、浪漫的田园氛围。一层西餐厅以"欧式田园"为主题，浪漫、朴实的设计充满新意，体现了对生活品质的追求。

"优雅非刹那夺目，而是记忆里永恒的驻足。"

项目地址：北京市顺义区南彩镇顺平辅线 39 号
设计单位：杨邦胜酒店设计集团
项目面积：55 000 平方米

北京瑞麟湾温泉度假村酒店大堂

北京瑞麟湾温泉度假村酒店位于北京市东郊，建筑面积约 55 000 平方米，定位为五星级温泉会议型度假酒店。

悠远神秘、空悟的中国文化与泛亚洲地域文化风情相融合，彰显其独特的东方文化神韵和人文气质；中式园林、北方建筑、木构造与现代、悠闲、质朴的度假酒店理念相结合，树立具有北京特色的度假酒店新形象。

项目地址：浙江省杭州市西湖区南山路 37 号
设计单位：杭州陈涛室内设计有限公司
设计主创：陈涛

杭州西子宾馆大堂

杭州西子宾馆是以接待国家政府领导、社会名流、知名人士、高级商务宾客为主的高端宾馆。

针对西子宾馆厚重的文化氛围和绝佳的地理环境资源，设计师拒绝走城市星级酒店的设计路线，怀着对领袖人物的敬仰之情，保留原有格局和氛围，结合一定的史料图片展示，充分挖掘宾馆的历史文脉，展现宾馆丰富的文化内涵。

门厅、走廊是该项目的服务中心，地面以莎安娜米黄大理石为主，搭配明快的色彩充足的光照、墙面上的诗词陈设，既高雅又纯粹，既现代又不失儒雅，既奢华又不失文化内涵。

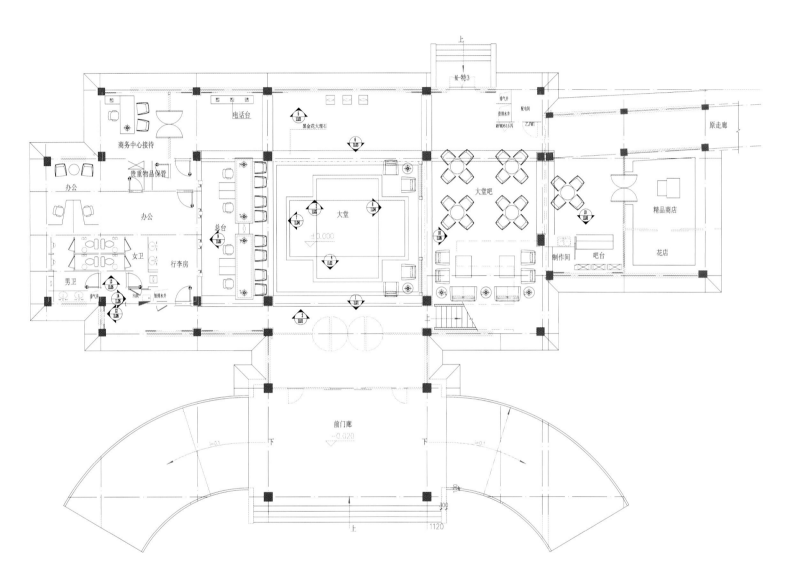

上

M-特3

排气井
电表井
配电间

乙,PM1

原走廊

商务中心接待

电话台

黑金花大理石

大堂吧

办公

贵重物品保管

办公

总台

大堂

±0.000

精品商店

女卫

行李房

制作间

吧台

花店

男卫

前门廊

-0.020

下

下

上

大堂平面布置图

项目地址：云南省丽江市古城区束河古镇中和路 7 号
设计团队：杨樵、王峰、陈卫东
项目面积：3000 平方米
主要材料：自然荒石、实木、稻草板、木雕、硅藻泥、灰色石材

老房子·束河元年
度假别院大堂

"束河元年"坐落于丽江束河古镇，是老房子集团第一次尝试修建的
小型高端度假酒店，也是老房子顶端子品牌"元年"系列的再次精彩亮相。

该项目是四个相互连通的纳西小院，在建设过程中保留老建筑原有的
结构和形式，只是对外墙和内部结构进行简单的调整规划，新建房屋则完
全尊重了纳西民族的建筑风格。每个院落均由两、三座双层或单层小楼围
合其间，斜坡顶被完全保留，房间里充满了淳朴的老家味道，四个院落既
自成天地又连绵互通。

一号院主要为接待大堂、餐饮区、阳光露台。接待大堂是这个区域的
亮点，也是别院的开篇，7 米多的屋顶挑高，在以往的纳西族民居建筑中
是绝无仅有的。阳光透过玻璃射入空间；舡筹交错之间，华灯与明月交相
辉映。大堂中央的纳西风格立雕顶梁柱令人震撼。整根直径 60 厘米浑圆
的木料，笔直，高竖于大堂中，支撑着整个建筑，这是大自然的力量，也
是对这片土地上的人们的眷顾。这根由纳西木雕艺术家木欣荣雕刻的大木，
叫"眼睛的凝望"，是设计师特意安排的，由木欣荣自由发挥创作的，几
百只眼睛的符号提炼，凝望着古镇的人文风情，凝望着凡人的过往，既是
酒店的镇宅之宝，也是纳西木雕这种特殊元素在整个酒店的引入之作。就
好像苗族的银饰、藏族的金器、汉族的瓷器，纳西族木雕是他们这个民族
最有代表性的工艺生活制品，其超然物外的构图方式与活灵活现的雕刻工
艺可谓精彩绝伦。

纳西木雕作为整个别院室内装修设计的灵魂线索，从餐饮区室外的连
环木雕到大堂顶梁柱，从走廊的立柱、房间屋顶的横梁再到房门、号牌，
在任何一个角落，在不经意的一根立柱上都能看到它的精美呈现。为了与
这一传统精粹相搭配，所有的装修材料、配饰都以传统经典材质为主：特
殊烧制的青条砖、实木、硅藻泥、稻草板、手工墙纸、铜艺灯等，特别是
各和当地自然荒石和老木头更是院子里独一无二的风景。

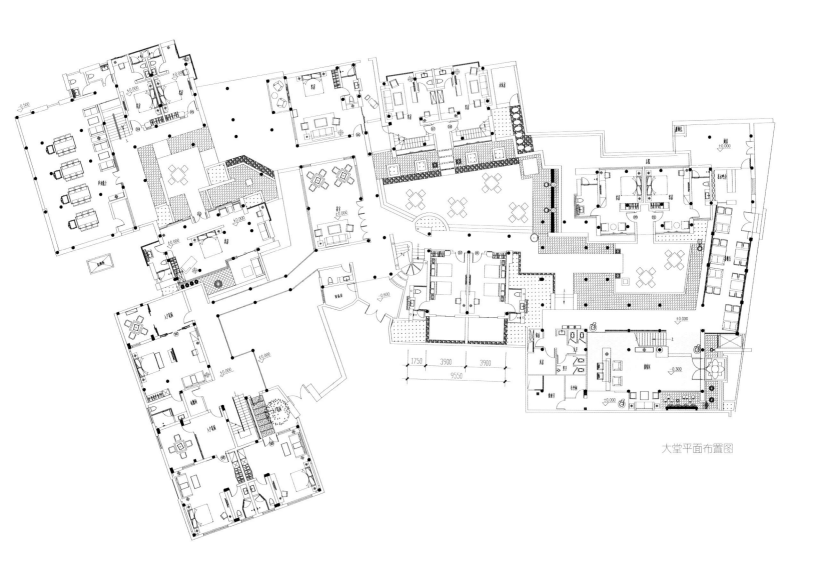

大堂平面布置图

165

项目地址：海南省三亚市三亚湾路 188 号
设计单位：YANG 杨邦胜酒店设计集团
设计主创：杨邦胜
项目面积：110 000 平方米
设计特色：泛东方概念、海南黎族文化、海南地方材料

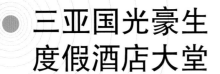

三亚国光豪生
度假酒店大堂

三亚国光豪生度假酒店位于中国唯一热带宝岛海南省三亚市。三亚地处热带，毗邻南海，常年雨量丰沛，日照充足，椰风碧海。酒店地处三亚湾，投资方斥资 10 亿，倾心打造了这座五星级休闲度假酒店，它也是目前中国最大的度假酒店。

酒店设计追求突破创新，将亚洲风格与海南黎苗文化相结合，将海南黎族的寮屋、铜鼓、渔具、古木船等民俗文化符号融入空间设计，使多元文化相互渗透、交融。空间设计采用"通透开敞"的手法，运用中国古典园林美学思想，镂空木栅、大开合落地门栏，使室内、户外一气呵成。大量采用海南当地的火山石材、粗木，自然而质朴地树立极具海南特色的度假酒店新形象，展现三亚湾独特的文化风俗及地域魅力。

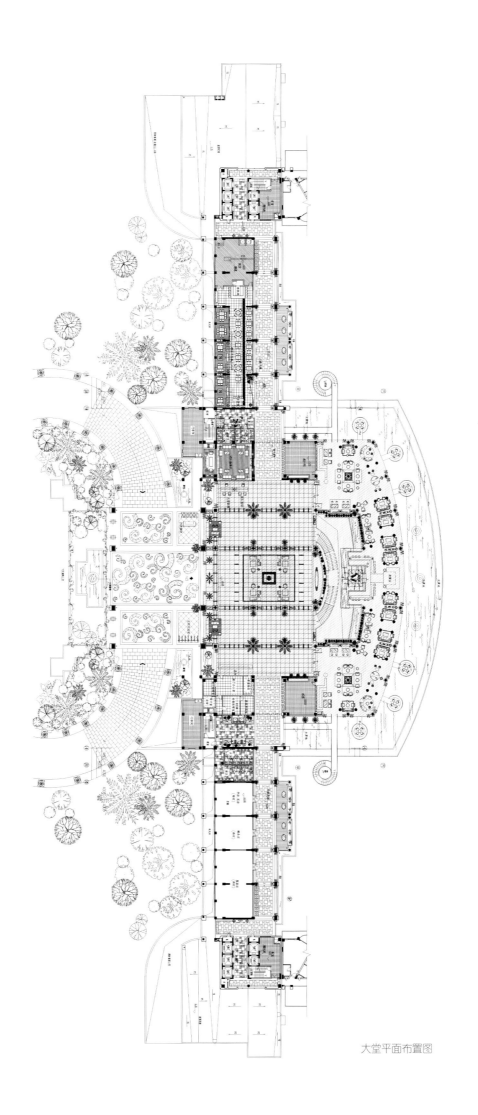

大堂平面布置图

项目地址：安徽省合肥市
设计单位：南京智点设计顾问有限公司
设计主创：潘开富
项目面积：20 000 平方米
主要材料：百合会石材、橡木、乳胶漆

同庆楼庐州府酒店大堂

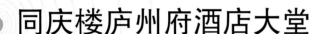

酒店建筑以徽派园林风格为主，府邸宽阔，高梁直柱，格局清奇、大气，厅堂廊阁别具洞天，园则曲径通幽，林亦移步换景。置身其中，顿感气势恢宏、壮观华丽、美轮美奂。

从正门进入酒店，大厅宽敞、大气，徽派建筑中最重要的"冬瓜梁"成为整个空间最具有吸引力的部分。橡木的质地与色彩，朴素且不夸张，与白色的墙壁、灰色的地面安静地组成一幅祥和的画卷。灰白色的大理石基座与白底蓝花的梅瓶，带着江南小镇的韵味，淡雅地萦绕周围。不着浓墨，便将徽派建筑的精髓呈现眼前。尽管开间和层高条件都很不错，设计师仍然小心地处理着建筑与人的关系，建筑保持宏大气势的同时却不盛气凌人，犹如极具修养的文人，含蓄而克制。大厅等候区的尺度出于意料地"大"。几组沙发被直通天花板的书柜所包围。书柜以直线条为主，间隔一致的镂空与抽屉使空间无比硬朗。而沙发背后的主题墙以同样到顶的大型花格作为装饰。细致的花纹柔化了空间感。舒缓、灵动的线条满足了现代人的归属感，安宁而飘逸的心境是人类潜意识的追求，而这样的处理正好满足了人的感性需求。散座区的设计以实用为首要条件。设计师与业主在长期的合作中摸索出一套有效的控制方法，在座位间隔、人流路线等方面都朝着有利的方向细致考量。与大多数中式设计一样，天花以木格栅为主要；不同的是，天花板被划分成不规则的形状，犹如园林中的碎拼。配套的灯具基本是曲线形的，多变的曲线、灵秀的图案、视线不断地跳跃，在线条地相互追逐中，开辟了一个令人惊讶的喜悦空间。

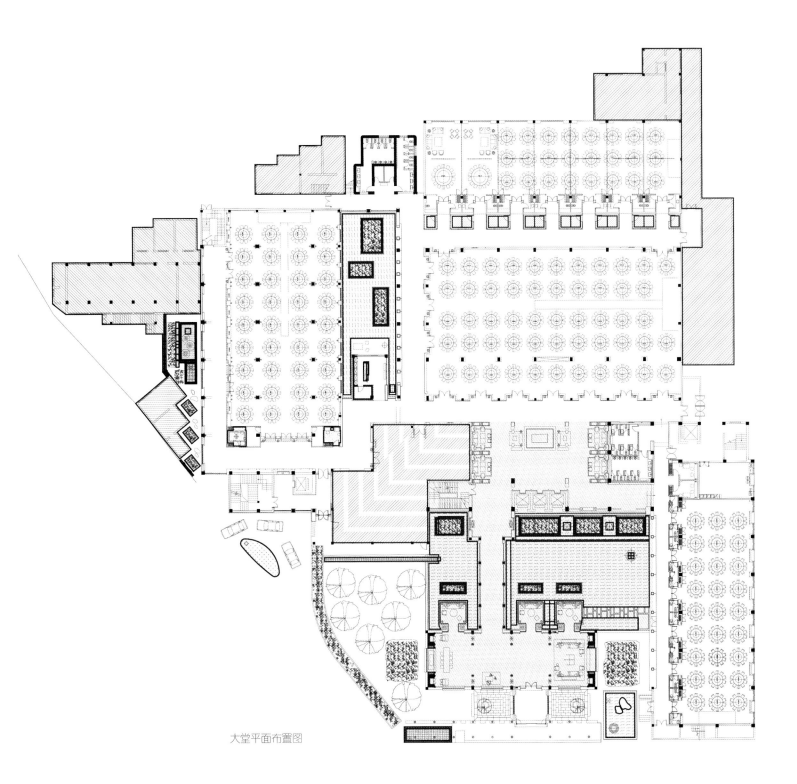

大堂平面布置图

项目地址：上海市浦东新区罗山路 1609 号
设计主创：裴晓军
项目面积：12 000 平方米

上海瑞亚湖滨商务酒店大堂

上海瑞亚湖滨商务酒店的改造设计是让老建筑焕发新的生命力，实现其文化价值和商业价值的一个典型范例。

建筑改造和功能空间的重建是将建筑的构造、横向交通和垂直交通、设备竖井、消防系统及院落环境等因素加以整合和规划。

一号楼的大堂、边廊与二号楼的通道连廊是在建筑外墙上加盖的钢结构，受面积制约，打造了向上夸张的高度，大面积的落地窗体和边廊的玻璃采光顶棚使各个空间形成关联，非堂非廊，室内外彼此交流，一举多得，契合了"地中海文化"这一空间主题。形态改变后的建筑外立面，增加了建筑的体量并形成了错落的空间层次，扩大的这部分使建筑空间发生了质的变化，虚实结合恰当且得体。

临湖酒吧及证婚宴会厅也是在充分利用主体建筑及四周环境的基础上加盖的钢结构。

这个时期是对建筑和功能空间的整合结果进行再创造和深化。其中包括空间的表现、生活肌理的植入、材质光色的选择、陈设品的规划，由于资金用于大量的基础改造，陈设品的设计显得十分重要。通过特殊的配饰方法注入思想和生命，表达业主营造地中海风情空间的意愿，使僵化的建筑空间活跃起来，尽可能地满足酒店对必备公共功能空间的需求，标新立异，强化客房使用的舒适度和魅力。

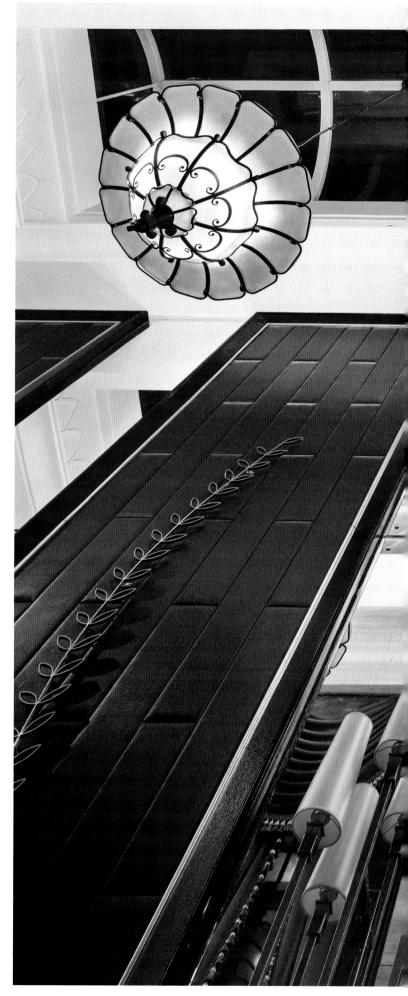

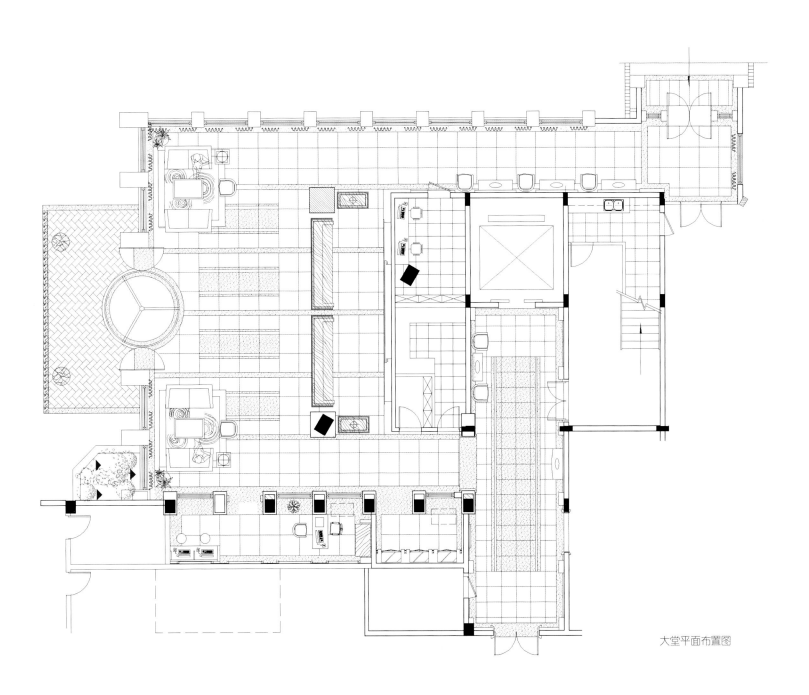

大堂平面布置图

项目地址：浙江省杭州市下城区武林广场 21 号
设计单位：杭州陈涛室内设计有限公司
设计主创：陈涛
主要材料：橡木、雅士白大理石、意大利金彩大理石、金蜘蛛大理石

杭州大厦文化精品酒店大堂

杭州大厦是江浙一带著名的高档购物场所，众多国际著侈品牌在此驻足，奠定了其在业界的地位。作为杭州大厦的配套场所，杭州大厦文化精品酒店改造设计的焦点，在于如何完美地将大厦特有的商场文化与酒店自身的功能改造的目标客户，进行重组与融合。设计师在悉心搜集的商场资源中，对各大品牌专柜的设计进行了比较和分析，从中提炼出包括形态、色彩、结构、材料等可利用的元素，重现于全新定位的酒店中。

该项目改造的目标客户以 30 ～ 50 岁的时尚人群为主；到杭州办事或消费的年轻富裕阶层，喜欢以独到的眼光追求时尚潮流和生活品质。

设计师针对不同的空间，以品牌的文化内涵及形象资源为元素，以抽象的表现手法提升设计品质，追求设计的差异性，吸引客户。

大堂设计在形式表现和色彩处理方面追求现代感，强调空间体验感，使客户享受有别于"家"的温馨，如"家"却胜于"家"。

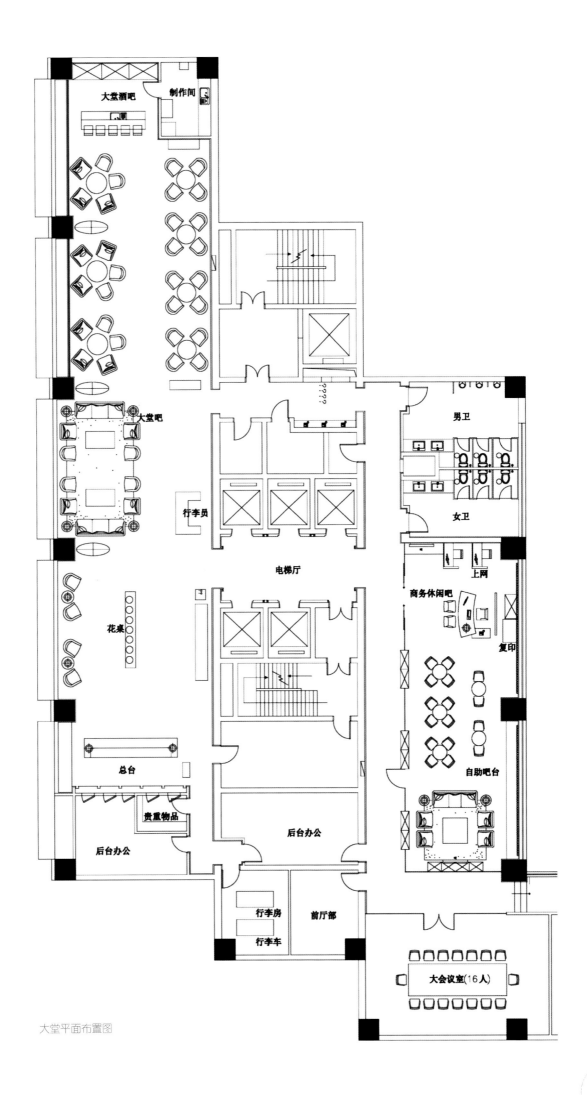

大堂酒吧

制作间

大堂吧

男卫

女卫

上网

商务休闲吧

复印

行李员

电梯厅

花桌

自助吧台

总台

贵重物品

后台办公

行李房

前厅部

行李车

后台办公

大会议室(16人)

大堂平面布置图

项目地址：甘肃省兰州市城关区天水中路 20 号
设计单位：杨邦胜酒店设计集团
项目面积：6600 平方米

兰州宁卧庄宾馆大堂

    兰州宁卧庄宾馆位于兰州市城关区天水中路，交通便利，建筑面积6600 平方米。整个宾馆是一座园林式建筑群，风景优美，素有甘肃省国宾馆之称。宁卧庄，正像她的名字一样，以安宁、幽雅、恬静、舒适而闻名海内外，是中外宾客绝好的下榻、休息之地。

    该酒店设计风格融入甘肃敦煌文化元素，例如壁画、编钟、石柱等，结合中国传统文化，以金黄色为主调，彰显出璀璨的中华及甘肃文化，引人入胜，富贵夺目。大堂背景墙大量使用玉环造型装饰，具有很强的地域特色。

项目地址：广东省珠海市香洲区人民西路
设计主创：杨樵
项目面积：3000 平方米
主要材料：蜀锦、实木、手绘、青瓦、银箔、马赛克、灰色石材

老房子水墨·蜀锦
川菜食府大堂

老房子水墨·蜀锦，听到名字，立刻感觉到一股浓浓的诗意迎面而来，如同涓涓流淌的溪水，沁人心脾。五层高的霓虹建筑，搭配"华美的锦缎"，随"水墨五彩"水袖起舞，中华双绝与现代餐饮交织的"水墨蜀锦"，3000 平方米的美食排场，异彩流光。

这里的每一处都令人感到温馨、舒适。大堂的沙发颇具特色，高雅的黑色辅以紫色的锦缎靠包，舒适、柔软，呈现一种独特、高贵的特质。白色的接待台，衬以一盏别具风格的台灯或灯笼，别有一番风情韵味。这里的座椅颇具特色，桃心形的座椅对应屏风风格的座椅，既可以作为靠背，又似屏风一般隔出一个"小世界"。

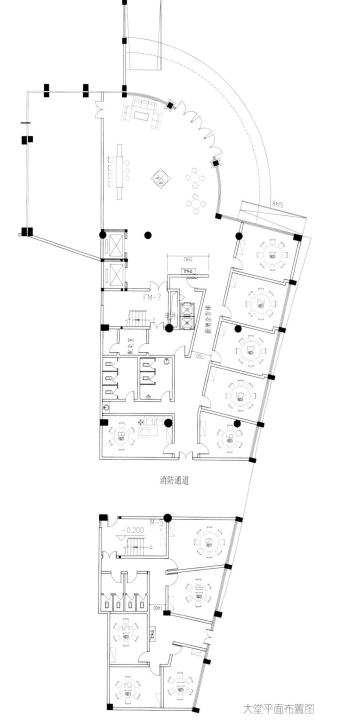

消防通道

大堂平面布置图

Office

办公空间

项目地址：浙江省杭州市滨江区
设计单位：杭州国美建筑装饰设计研究院有限公司
设计主创：李静源
设计团队：田宁、胡栩、方彧、王冠粹
项目面积：32 000平方米
主要材料：铝板、拉丝不锈钢、花岗岩、大理石、地毯、成品家具

杭州滨江企业总部
办公楼大堂

杭州滨江企业总部办公楼前身为商务写字楼，现更换业主，建筑外观以钢、玻璃、陶板为主材，因此，室内设计从功能出发，运用现代建筑室内设计手法处理空间，从形体、材料、构造等细节方面展开设计。成品化工艺成为该方案的主导施工工艺，力求减少环境污染，营造现代绿色室内空间。

该方案注重室内外材质与色彩的延续，整体感强；注重公共空间与工作空间的自然过渡与合理规划；注重材质、色彩与功能空间的匹配与协调；注重人对各功能空间材质细节的感受，真正做到建筑空间、时间与人的完美结合。

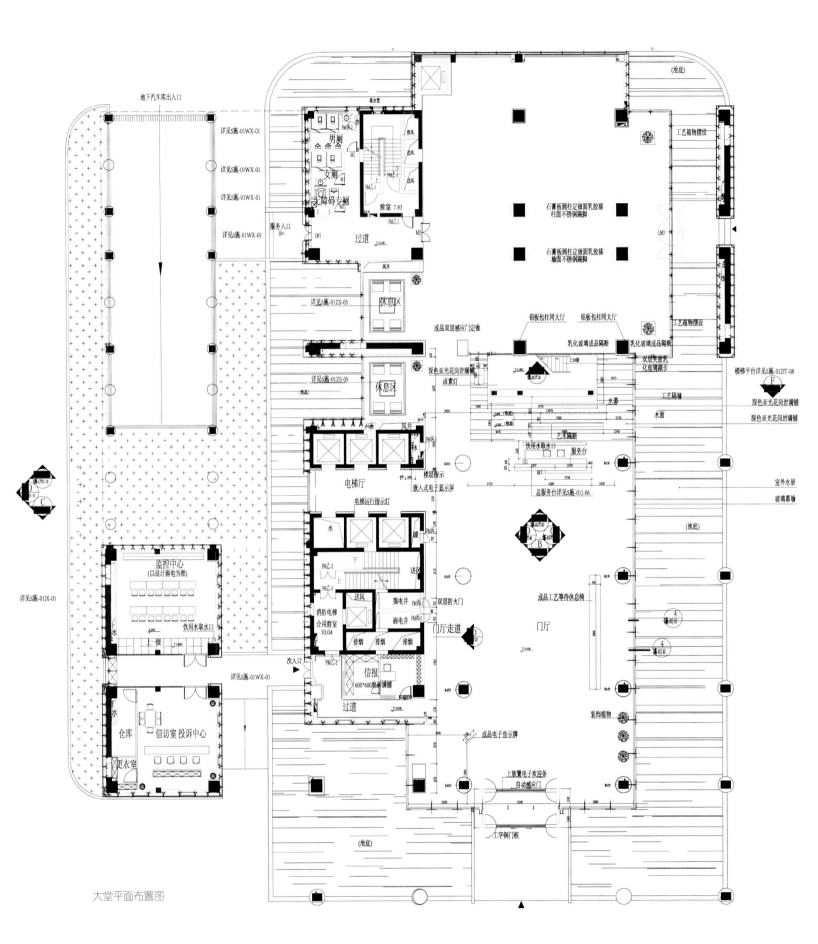

大堂平面布置图

项目地址：上海市浦东新区
设计单位：上海包达铭建筑装饰工程有限公司
项目面积：50 000平方米

证大五道口金融中心大堂

　　证大五道口金融中心位于上海市民生路丁香路路口，周边联洋地区至世纪大道将会是继陆家嘴之后上海的第二个金融中心，业主希望该项目作为证大品牌下的甲级写字楼，其设计应该匠心独运、恢宏大气、含蓄却不失稳重。

　　金融中心由北、南、东三栋高度错落有序的楼宇组成。设计范围包括一楼大堂、二楼大堂、后堂、电梯厅、公共洗手间及走道，以及标准层的电梯厅、洗手间及走道。

　　设计灵感来源于从简的中式印象，辅以现代感十足的灯光，以达到沉稳，摩登的效果。

　　北楼大堂为两层高的挑空结构，二楼的走道贯通了三侧的墙体，而该走道栏杆从视线上阻隔了上、下层墙面的延续性。从视觉上分析，大堂缺少了重点。在这一点上，设计团队对二层的走道结构稍做调整，形成主墙面，丰富空间层次。

　　主墙展现了中国水墨画的气韵，强调交错包裹的视觉冲击。纵向的连接石材在一层和二层的主墙面上形成了视觉连接，利用材质本身的肌理，以树的形象穿过沉重的楼板向上无限生长。

　　有明显中式灯箱天花造型的电梯厅成为大楼道的中央区域。灯光游戏打破了整个空间因大面积使用黑色石料面而产生的呆板并营造了电梯厅明亮且朝气蓬勃的空间氛围。

　　后堂突出的红色隔断将北大堂及其前面的南后堂与电梯厅隔开，通透的回形纹路既保留了视觉，使各个空间形成呼应且富有灵气。

　　主色调在黑、白色之间变换，体现了完美的对比度平衡，清晰的线条强化了黑白相间的排列组合并形成了和谐的整体色彩搭配。

项目地址：浙江省杭州市解放东路2号
设计单位：杭州陈涛室内设计有限公司
设计主创：陈涛
主要材料：鹅毛金大理石、意大利灰大理石、红影木

杭州国际会议中心大堂

　　杭州国际会议中心以举办大型国际性会议和白金五星级酒店为标准进行功能设计。其建筑分为地下室、裙房、球形主体三大部分。地下室为两层，其中地下二层为地下停车库，地下一层为设备用房及酒店和会议的配套辅助用房。裙房分为两层，一层由2000平方米的大宴会厅及备餐厨房、能容纳1000人的大型会议厅和中型会议厅、新闻发布厅等组成。二层为小型会议厅。球形主楼为拥有400余间客房的白金五星级酒店，提供与其配套的餐饮、娱乐服务等。三层为酒店配套的餐厅。在18米高的大堂顶层设置了一个球体中庭空间，并且向大剧院方向开启扇形开放面，将户外景色引入室内，形成变化丰富的光影和阴影效果。

　　该案例主要是对会议中心办公功能区的展示。该区域采用了简约、大气的装修风格，没有过多的装饰，淡黄色的大理石墙面和灰色的大理石地面彰显出该区域的高端特质，材质本身的纹理感也给空间带来了生机。极具金属质感的屋顶结构使整个空间现代感十足。

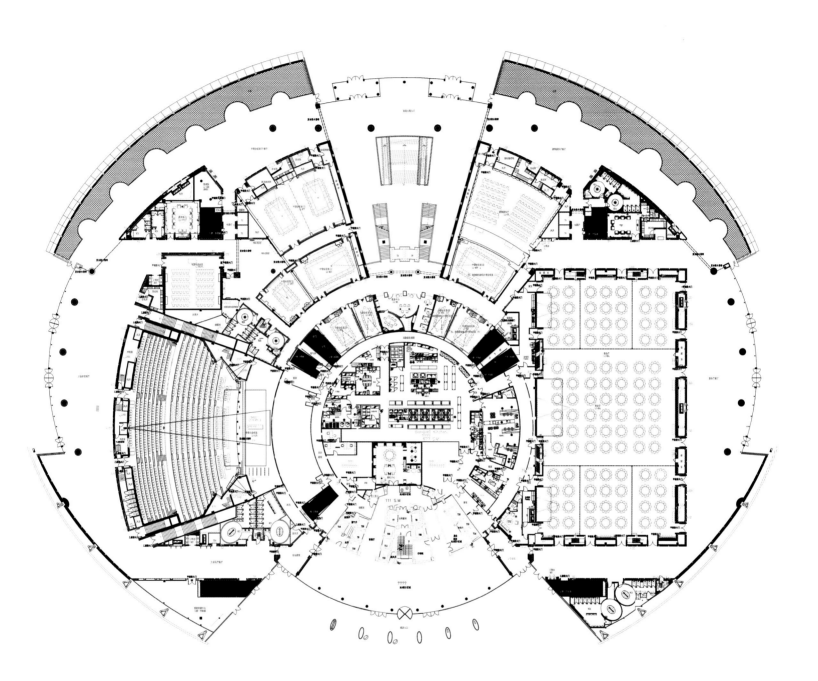

大堂平面布置图

项目地址：浙江省海宁市许村
设计单位：周伟建筑设计工作室
设计主创：周伟
项目面积：380 平方米
主要材料：黑洞石、人造石、亚光砖

恒立布业销售中心大堂

　　室内空间是建筑的延续，空间感是建筑的精髓。在一个长 25 米、宽 10 米、高 6 米的空间中打造一个销售中心，在造价有限的前提下，设计师一反常规的工作程序，先打造空间，之后再合理地安排各种功能。于是便出现了这样的空间效果。

　　在空间处理上，设计师通过盒子的挑空、坐落、衔接而组成不同的室内空间，以满足空间的功能需求。一部折线楼梯贯穿整个空间，将各个空间连接在一起。在黑色石头墙面的映衬下，极富几何感的服务台好像一座雕塑。挑高的中庭既是会客厅，也是公共休息区、会谈区。巨幅的落地窗为整个空间增添了无限的风景。黑色窗格与天花板的照明设计相呼应并将空间关系延伸至室外。窗外水墨般的街景与墙上的水墨画遥相呼应。设计师在简单的建筑关系中，用丰富的色彩和精炼的设计语汇打造了不同的感观体验。

HENG LI FABRIC ART SALES CENTER

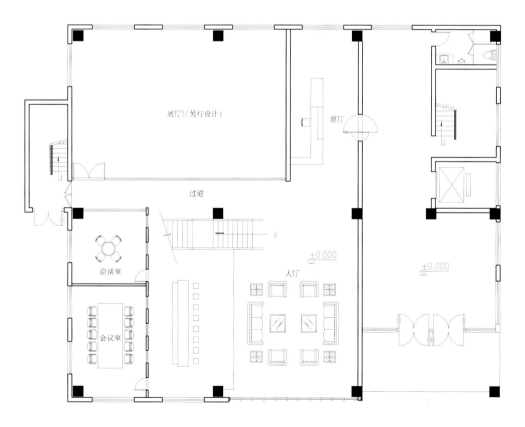

大堂平面布置图

项目地址：浙江省杭州市西湖区西斗门路 18 号

中国美术学院风景建筑
设计研究院大堂

　　中国美术学院风景建筑设计研究院是以中国美术学院为学术背景，在国内建筑工程设计、风景园林设计、建筑装饰设计等方面具有甲级资质的设计单位。该设计研究院的整体空间充满国际化、人文化、民族化的艺术氛围。基于此，中国美术学院风景建筑设计研究院的室内设计风格也与它本身的独特气质相吻合。

　　一楼大厅以灰、黑色为主色调，装饰简约；黑色的屋顶、黑色的沙发使整个空间现代感十足。面朝正门的背景墙格外引人注目，由纺织品拼接而成的装置艺术品具有很强的肌理效果和视觉冲击力。

项目地址：浙江省杭州市临平经济开发区临平大道 592 号
设计主创：李水
项目面积：12 000 平方米
主要材料：银龙灰大理石、防腐木

老板电器研发楼大堂

该项目作为企业的产品研发楼，原研发楼是一栋呈 V 字形的工厂化建筑。为了在办公空间内通过生动而鲜活的手法体现"追求品质、不断创新"的品牌理念，设计师在 V 字形建筑中间加建了一个钢结构主体作为大厅，从而把整栋建筑的办公空间错落有致地连接起来，使其品牌的创造力和想象力得到体现。

在 V 字形建筑加建了两层高的公共大厅后，建筑中心的绿化景观得到了层次升华。景观不再是一层的独享，一层天井、二层景观阳台及三层屋顶花园上错落的空间，使员工可以从办公楼内侧庭院内的不同角度愉悦地享受户外美景，从而提升了办公环境的空间品质。

设计面临的挑战来自新加建筑与原有工厂化建筑由内到外地融合。大厅与建筑的相互连接，使室内空间发生了变化，也吸引员工漫步其中，探索未知的结构。这样的设计旨在创造一种强烈的张力，并通过大片玻璃幕墙的应用，使建筑、室内、环境相互吸引、相互融合，从而让整个空间变得复杂而有吸引力。

该项目探讨了建筑材料与自然光线的巧妙运用。木材、大理石、钢材作为主要的建筑材料，其形成的对比延伸至整个空间。用原始而简单的手段将前卫和传统融合起来。其次在自然光线与照明方面，大厅的自然光线是基本的设计元素，不同的顶面造型让自然光与透光膜有机结合，从而营造了舒适的办公环境。

宽敞、明亮的大厅和休息区打破了一般传统办公楼的布局，融合了户外景观的工作环境，展现了企业良好的工作环境及品质。

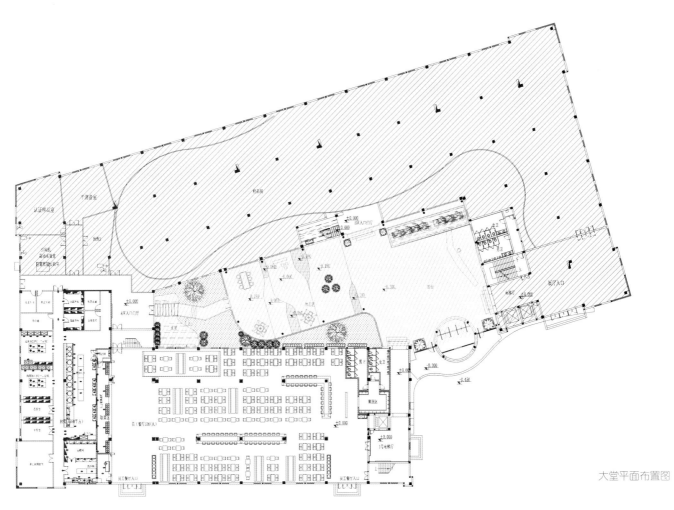

大堂平面布置图

项目地址：浙江省杭州市八卦田
设计主创：李静源
项目面积：1200 平方米
主要材料：深灰色地砖、浅灰色地砖、深灰色铝板、成品隔断、大花白大
　　　　　理石、击孔石膏板

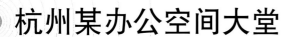

杭州某办公空间大堂

　　该项目坐落于杭州八卦田，景色宜人，空气清新。以现代简约的设计手法营造空间，强调现代成品工艺的处理形式，力求干净、简洁；以黑、白、灰色为空间主调，适当地以枫木色点缀，活跃了办公气氛。

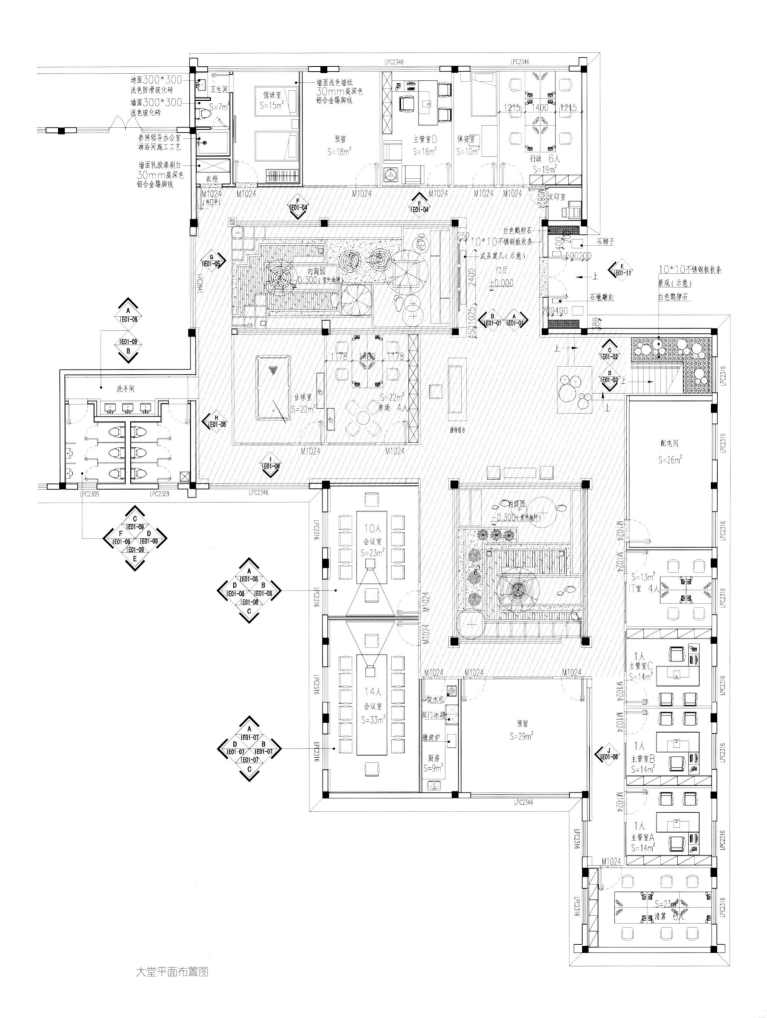

地面300*300
浅色防滑玻化砖

墙面300*300
浅色玻化砖

参照领导办公室
淋浴间施工工艺

墙面乳胶漆刷白
30mm高深色
铝合金踢脚线

卫生间
S=7m²

值班室
S=15m²

墙面浅色墙纸
30mm高深色
铝合金踢脚线

预留
S=18m²

主管室D
S=16m²

保安室
S=10m²

行政 6人
S=19m²

衣柜

洗手间

LPC2309 LPC2309 LPC2346

内庭园
-0.300（室外地坪）

白色鹅卵石
10*10不锈钢板收条

成品碳石（示意）

门厅
±0.000

石狮子

石墩雕刻

10*10不锈钢板收条
景观（示意）
白色鹅卵石

台球室
S=22m²

市场 4人

接待前台

配电间
S=26m²

10人
会议室
S=23m²

14人
会议室
S=33m²

内庭园
-0.300（室外地坪）

IT室 4人
S=13m²

1人
主管室C
S=14m²

1人
主管室B
S=14m²

饮水机
双门冰箱
微波炉

厨房
S=9m²

预留
S=29m²

1人
主管室A
S=14m²

S=23m²
清算

大堂平面布置图

项目地址：山东省青岛市
设计单位：维思平建筑设计
设计主创：吴钢
室内设计：姚钧、白云祥、张建峰
项目面积：880 平方米
主要材料：白枫木、超白玻璃、白色微晶石、灰色塑胶地板

青岛万科办公室大堂

青岛万科办公室使用面积为 880 平方米，可满足 100 人的办公需求。办公选址东临青岛市政府、五四广场、第三海水浴场，西北紧临八大关风景区，拥有青岛最美的海景。

该方案的设计构思源于一种最本质的朴实，即对万科企业理念的尊重、对个体的尊重以及对原建筑空间的尊重，单纯地从建造逻辑出发，结合建筑结构，以理性的逻辑思维整合室内空间功能，成就一种安静而质朴的美。

办公区全部布置在能够欣赏海景的靠窗面，使每个员工都能在自己的座位上享受室外的自然风景、空气和光。会议室、卫生间及储藏间等辅助功能区布置在景观相对较少的区域。交通流线依据办公人数及部门设定，清晰、流畅；并在流线交会处穿插员工活动、休息区，在打破交通环廊单调的同时充分利用了由于建筑形态不规则而形成的三角形区域，使办公空间更人性化。在空间划分上尽量多地采用了透明的玻璃隔墙，使空间明朗、开阔，户外风景也因玻璃的通透而被自然地纳入其中，给人以清新、现代的感觉。

在色彩选择上，该设计采用了"依据大空间定色调"的原则。色彩基调为白色，考虑万科的企业标准色——万科灰和万科红，办公区地面采用万科灰，而在入口门厅处则采用鲜明的万科红。核心筒墙面采用给人以亲切感的暖木色。这样在色调上既统一又具有鲜明的企业特点。在材料上，设计师大胆选用个性鲜明的对比材质，即钢、玻璃与暖色木料，强化了空间个性。

该设计另一个较为突出的特征便是人性关怀的体现。从空间功能的设置到材料的选择再到家具的细部，无一不体现了其人性化的设计特征。在办公区内设置了足够多的会议室和洽谈区，让员工有了更多的表达自己的机会；较多地采用间接光照明，避免光污染，将使用环保型材料的原则贯彻到底，倡导健康环保的现代设计理念；以建筑模数的尺寸为基数，打造模块化的办公家具，使空间效果更理性、管理更灵活的同时，传达出对人性最细致的关怀。

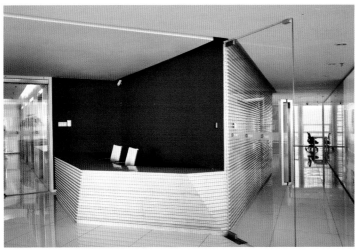

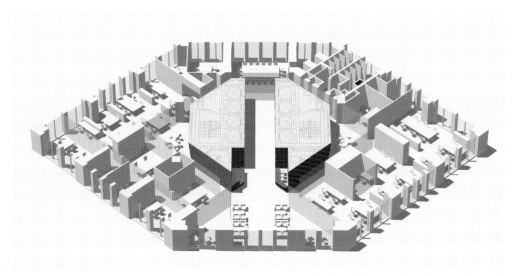

空间分析图

项目地址：浙江省杭州市滨江区柴家坞山一村
设计单位：浙江亚厦装饰股份有限公司
设计主创：谢天
项目面积：300 平方米
主要材料：地板漆、乳胶漆、竹

白马湖 11 号工作室大堂

在这个新农村示范建设的创意产业园区中打造自己的工作室，业主与设计师的身份是重合的。这种特殊的条件为自我创意的尝试与实现提供了最大限度的可能性，所谓的功利性与实用性都可以先不予考虑。你可以很纯粹，通过作品表达对设计、审美及文化的思考与反省。

该设计最初有两个灵感来源，一是来源于由技术文明对人类发展的双刃剑作用引申到装饰对室内设计的双刃剑作用。空间设计使用红线并结合局部照明，以抽象的形式表现空间特有的装饰形态。空间通过线条的不同角度、位置的穿插、变换形成向量，作为一种内在的张力支撑着整个空间，色彩与照明突出了这种感受，而单纯的地面与墙面则作为背景，衬托出线条的空间走向。空间中的其他元素也尽可能地使用形态不同的线条，例如栏杆扶手、编织装置等，强化空间的线形感受。

设计的第二个灵感来源于对后现代社会现象的思考，重点是针对城市生活中距离感消失的现象。所谓距离感消失，是指高技术社会中的人在和人与物的相互关系中，丧失了真实感。另一方面，复制技术使艺术作品不再具有"独一无二性"，而是将文化与工业生产及商品紧密地结合在一起，进入千家万户，成为消费品。因此，设计师始终固执地认为，手工制品与工业产品相比，在增进人与外界艺术情感交流方面具有不可替代的作用，它更能唤起人们灵魂深处的记忆与情感。

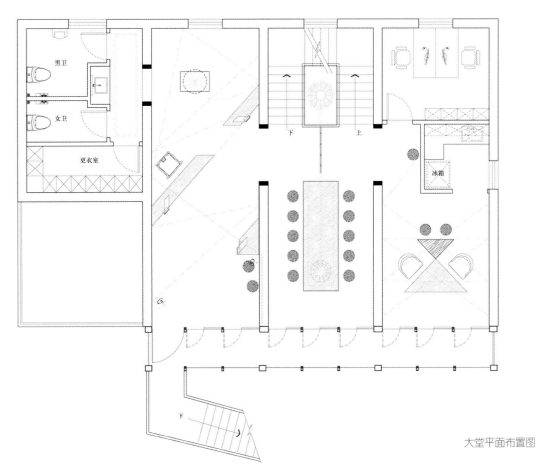

大堂平面布置图

项目地址：浙江省杭州市上城区望江东路 229 号
设计单位：浙江亚厦装饰股份有限公司
设计主创：谢天
设计团队：刘德强
项目面积：11 000 平方米
主要材料：桃花芯、麦当娜树榴、莎安娜大理石、贝壳镶嵌、手工地毯

亚厦总部办公楼大堂

　　设计师采用了偏欧式的现代简约装修风格，巧妙地结合企业文化，以简约、明朗、稳重、大方为特色。办公大堂以暖黄色为主调，梦幻般灯光设置搭配奢华的欧式风格家具，使办公堂雍容华贵、华丽时尚且富有内涵。

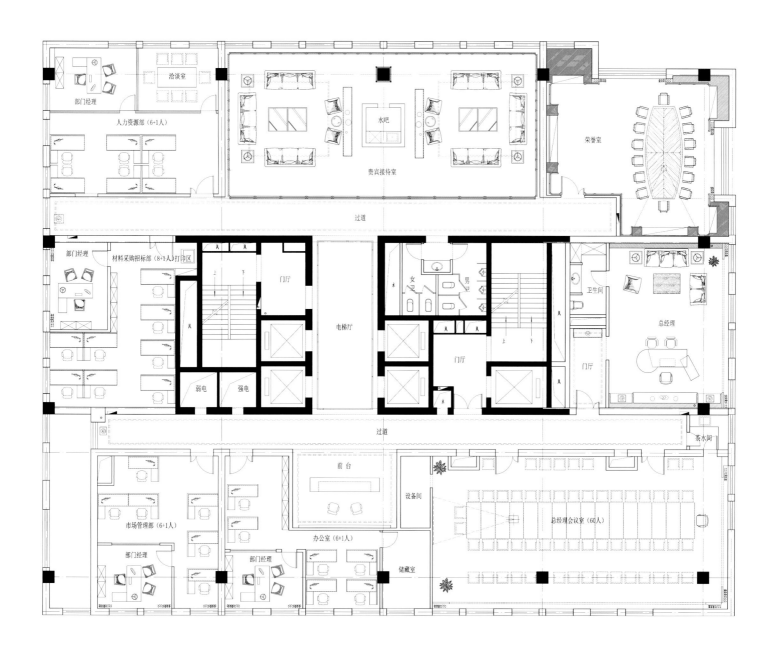

洽谈室

部门经理

人力资源部（6+1人）

水吧

贵宾接待室

荣誉室

过道

部门经理

材料采购招标部（8+1人）打印区

门厅

电梯厅

女卫

男卫

卫生间

弱电　强电

门厅

门厅

总经理

过道

茶水间

前台

市场管理部（6+1人）

设备间

总经理会议室（60人）

部门经理

办公室（6+1人）

部门经理

储藏室

大堂平面布置图

Sales office

售楼处

项目地址：浙江省杭州市滨江区奥体单元 FG03-R/C-02 地块
设计单位：孙洪涛设计事务所
设计主创：孙洪涛
项目面积：500 平方米
主要材料：竹木、木纹石、外墙石材干挂、落地玻璃窗

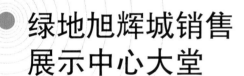

绿地旭辉城销售展示中心大堂

　　该项目位于高速发展的杭州滨江奥体地块，是未来杭州发展的重要区域，设计从宏观环境入手，力求突破售楼中心的概念，以建筑、室内、景观一体化的方式将售楼中心展示出来，使参观者能够切身体验未来绿地旭辉城的生活理念。

　　建筑设计以其简洁、有力的特质，彰显建筑特有的力量，人口的连续水景将人们引入室内，超高尺度的落地玻璃窗使内外空间完成了完美的交融，波光荡漾间自然、惬意的氛围便弥散了整个环境。室内空间设计试图通过种种手段，与建筑完成内在气质的呼应，使内外空间的交融更加自然、顺畅。以竹木材料体现江南特色，横竖拼接地木纹石呈格子状，黑、白、灰色的石材使空间极具整体感，强调与空间视觉的有机联系。身处销售展示区犹如置身高端度假酒店。

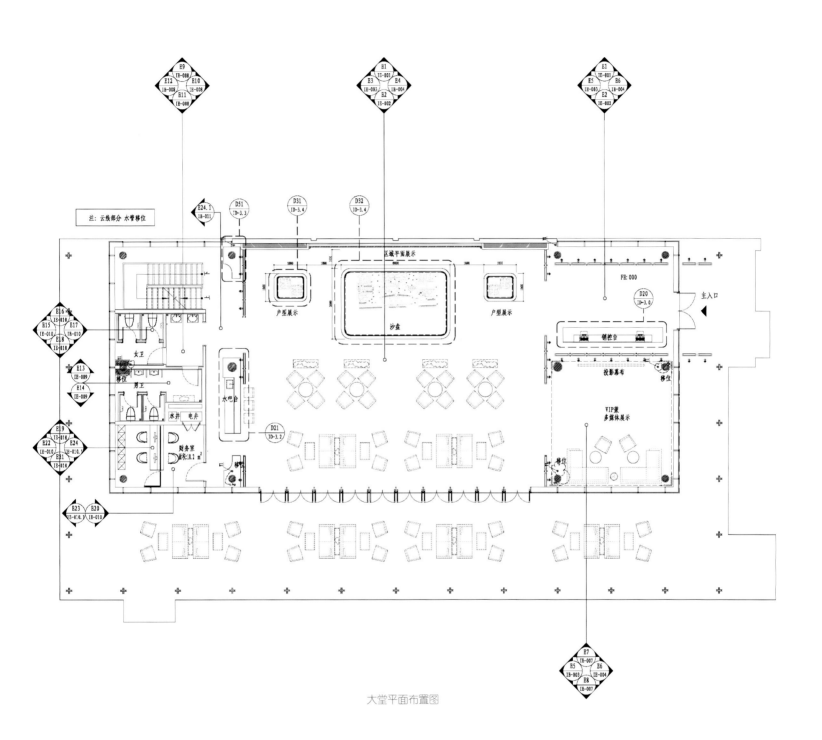

大堂平面布置图

项目地址：海南省三亚市南山区
设计单位：浙江亚厦装饰股份有限公司
设计主创：谢天
设计团队：陈明建、刘德强
项目面积：1600 平方米
主要材料：橡木、藤编制品、格力斯灰大理石、硅藻泥

中交绿城·高福小镇
销售中心大堂

该项目采用现代中式风格，简约的同时融入中式元素，古币造型的镂空雕花屏障把前台大堂与洽谈区及其他功能分区和谐地区分开来，壁画的选择为售楼处大堂增添了几分优雅。

中间区域设置了沙盘展示区，后面设置了抬高的独立洽谈区及其他功能分区。二者相互共享却不相互干扰，合理利用了空间。沙盘展示设在中央最显眼的位置，服务台造型简约，大面积的实木装饰材料，简单却不失稳重，既突出了售楼部的企业形象与品牌，又不失中式风格的文化底蕴。

以家具陈设按照中式风格的对称性进行摆放，配饰了古玩、卷轴、盆景博古架等，以精致的工艺品进行点缀，更具文化韵味和独特风格。中式实木门窗，打磨光滑，富有立体感。天花板以木条和镂空的雕花为主要样式，层次清晰，漆成花梨木色，别具特色。

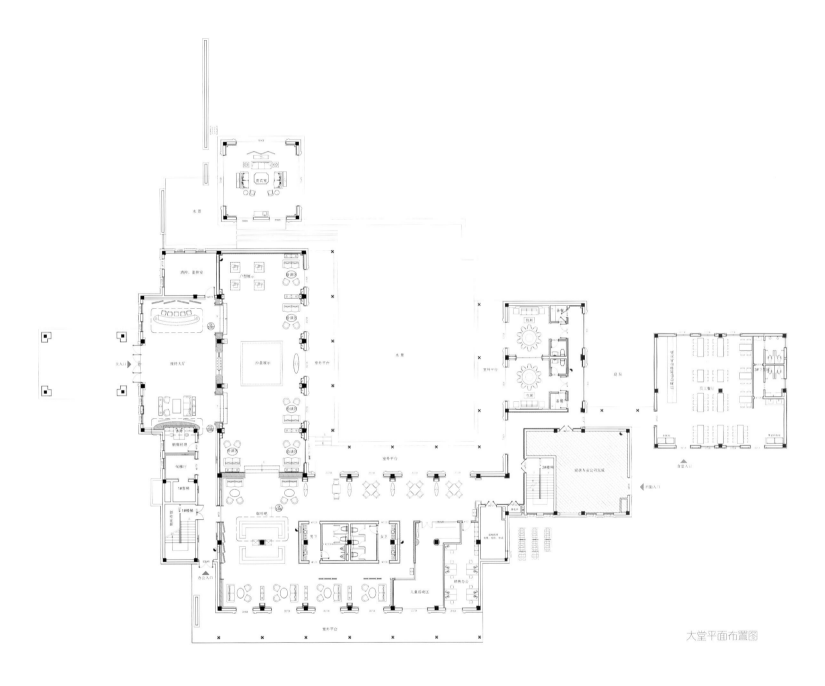

大堂平面布置图

项目地址：浙江省温州瑞安市玉海街道东勇村瑞湖路边
设计单位：浙江亚厦装饰股份有限公司（GFD 室内设计事务所）
设计主创：叶飞
项目面积：1652 平方米
主要材料：大理石、实木饰面、墙纸、清镜、皮革软包

天瑞·香山美邸会所大堂

　　该项目位于温州瑞安市，地处优雅、秀丽的万松山麓，坐拥瑞安城区极致罕贵的山林资源，业主为温州天瑞房地产开发有限公司，采用成功人士喜欢的奢华大气风格，从设计的角度诠释产品价值。各个空间的平面布局在动静分割的基础上被紧密地联系在一起。本项目致力于展现一场顶级奢华的视觉盛宴，充分利用各种材质之间的对比，营造奢华、大气的空间氛围，但是细细品味，这里并非只有奢华、大气，而更多的是惬意和浪漫。设计师通过完美的曲线、精益求精的细节处理，带给受众古典、温馨、舒适的触感，力求营造和谐的欧式古典意境。

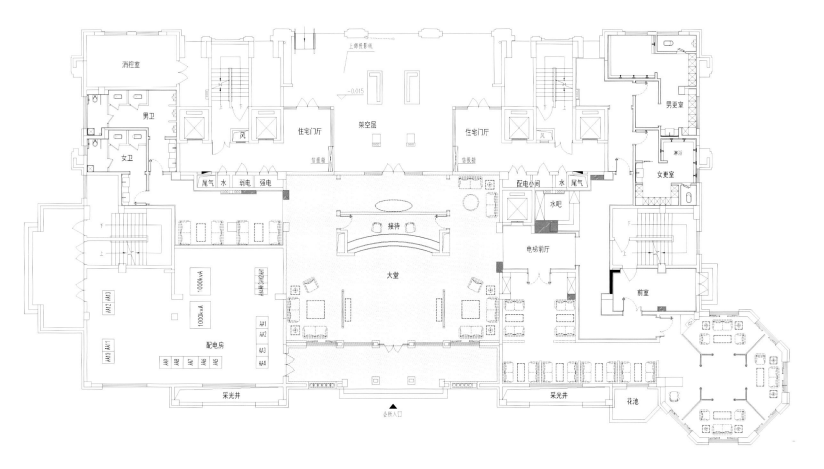

消控室

男卫

女卫

住宅门厅

架空层

住宅门厅

男更室

淋浴

女更室

配电公间

水吧

电梯前厅

前室

尾气 水 弱电 强电

上部投影线

-0.015

接待

大堂

1000kvA

1000kvA

AA12 AA13

AA4 AA3 AA2 AA1

AA1
AA2
AA3
AA4

AA10 AA11

AA9 AA8 AA7 AA6 AA5

配电房

采光井

会所入口

采光井

花池

大堂平面布置图

项目地址：浙江省杭州市
设计单位：杭州斑马建筑装饰工程有限公司
设计主创：黄曙生
项目面积：430 平方米
主要材料：铝板、拉丝不锈钢、花岗岩、大理石、地毯、成品家具

好安居·蓝钻天成大堂

该项目集商场、单身公寓、写字楼于一体。地处杭州市萍水路与莫干山路交会处，是 2 号地铁与 5 号地铁的换乘中心。地理位置极佳，周边商业配套非常成熟。

该建筑为钢结构，玻璃外墙。建筑立面与环境内外相互映衬。建筑外立面同室内均以"钻石的切面"为设计出发点。外立面主要由铝合金型材以不同的斜面方式构建而成，线条极为流畅。

室内设计以尊贵、大气为主调，"钻石的切面"理念在顶面与整体建筑外形融会贯通。大堂中的巨大水晶灯搭配切面造型，形成空间的核心——多维艺术吊顶。周边流动的墙面造型灯和变幻光影形成有趣的切面反射效果，与屏式喷泉水景相得益彰。

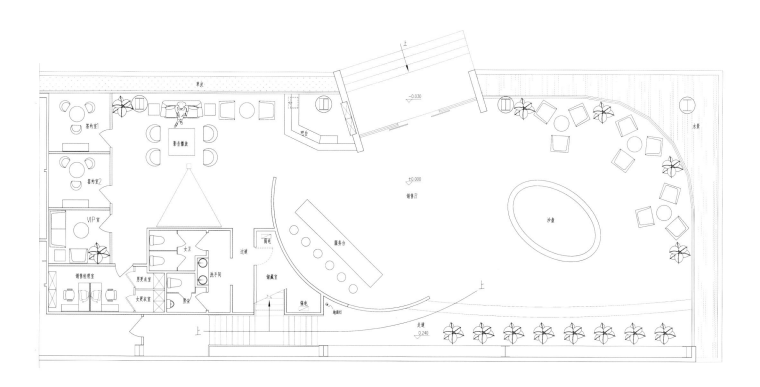

大堂平面布置图

项目地址：浙江省温州瑞安市
设计单位：浙江亚厦装饰股份有限公司（GFD 室内设计事务所）
设计主创：叶飞
项目面积：248 平方米
主要材料：烤漆玻璃、灰色地坪漆、白色马来漆、白色烤漆、皮革软包、
　　　　　红色绒布、黑钢、镜面不锈钢

天瑞·香水美寓
售展中心大堂

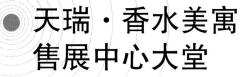

　　该项目位于温州瑞安市（天瑞尚品楼盘），业主为温州天瑞房地产开发有限公司，设计以年轻人喜欢的都市时尚为宗旨，从设计的角度诠释产品价值。各个空间的平面布局在动静分割的基础上被紧密地联系在一起。空间设计地创作灵感来源于简约、时尚地精品商店，以黑、白、灰色为主调的空间内，穿插了充满活力的红色材质，使空间简约、时尚，又不失年轻人的活力；墙面以黑色金属线条勾勒出规则不一的几何图案，穿插暗红色绒布帘子，顶部将柔纱与灯光相结合，让空间在简约、明快的同时不失柔和；该设计的目的在于抓住客户的眼球，给人以强劲的视觉冲击，充分展现产品的蓬勃活力。

洽谈区
NEGOTIATION AREAS

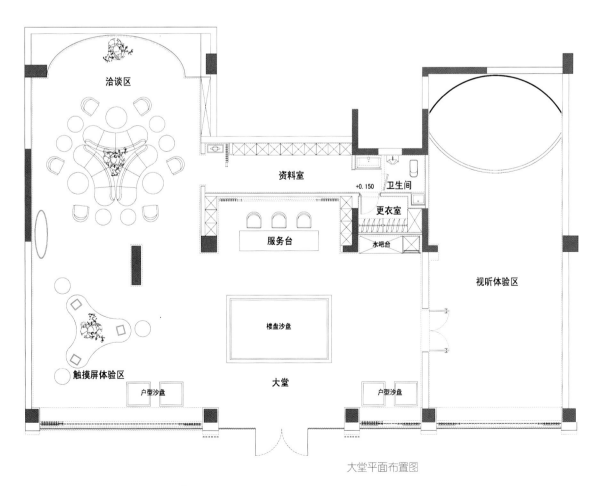

洽谈区

资料室

服务台

楼盘沙盘

触摸屏体验区

户型沙盘

大堂

户型沙盘

卫生间

+0.150

更衣室

水吧台

视听体验区

大堂平面布置图

THE PHOTOGRAPHY PERFORMANCE OF ARCHITECTURAL SPACE

建筑空间的摄影表现

从传统认知看，建筑摄影表现并不是一个很大的课题。但是，近几年随着行业的成熟和细分以及竞争的加剧，原来粗放型"什么都能拍"的时代基本结束，继而使从事实用摄影领域工作的摄影师只有建立更加细分的专业化知识结构体系才能生存。因此，对于今天想在这个行业中成功生存的职业建筑摄影师来说，"建筑摄影表现"就成了一个大课题，这个课题不但大，而且还要再细分。按照类型至少要分成外建筑摄影和内建筑摄影两大类，这样分类的依据主要是摄影中的光色因素和建筑行业的基本属性。再往下深究，外建筑摄影又可以分为建筑类和景观类；内建筑摄影又可分为空间表现类、软装表现类和照明表现类。本书涉及的内容是内建筑摄影中的空间表现类。对于内建筑摄影来说，很多表现技巧是相通的，但受其功能和设计诉求的影响又各有差异。

酒店类空间的摄影表现

酒店类空间摄影表现的特点：

酒店可分为星级酒店、经济型酒店和精品酒店三大类，又可分为商务型和度假型，在内建筑类摄影项目中属于重要的项目类别。酒店摄影因其商业定位的多样性，在建筑摄影表现中也是最为复杂的。

酒店类空间摄影表现的难点：

酒店业态多样，在设计领域是以高要求和富于变化为特点的，不同的商业定位和激烈的竞争考验着酒店行业的设计机构，因此在内建筑类摄影表现中也是要求和难度最大的类型之一。酒店类摄影表现的难度主要有三点：一是如何应对多样的风格变化，二是如何恰当地体现商业定位的差异，三是如何以理性的摄影方式营造感性的空间氛围。

酒店类空间摄影表现的构图：

酒店类空间摄影表现的构图是一个相对复杂的问题，限于篇幅很难全面分析，但有几个规律是值得关注的：对于商务型酒店来说端庄、大气的气质和齐全的功能往往是其商业定位的特点，因此在表现商务类酒店时应注意构图不必太过与刁钻，正面对称和45°侧面的一点透视构图往往更容易被客户接受。而对于精品类酒店则恰恰相反，选择这类酒店的客户往往更加倾慕出其不意的别样感，因此客户也更加希望获得奇特的视觉感受，在构图时可选择别样的视角，比如选择比通常更低的机位，或者借用前景，或利用小景别拍摄一些有趣味的特写镜头等都是不错的选择。度假酒店往往兼备了以上两种的表现风格，对于公共区域既要端庄、大气，又要在小处着眼不失情趣，需要注意的是度假酒店更加注重功能齐全的空间、舒适轻松的氛围和内外环境的互动。

酒店类空间摄影表现的光线：

酒店类空间摄影表现对光线的要求是非常高的，往往由专业的照明设计公司进行照明设计。商务型酒店和精品酒店更加强调人工光源的照明效果以增强其氛围感受，度假酒店注重利用自然光和人工光源的结合。因此，在拍摄前要进行详细的拍摄时间计划，合理分配不同的拍摄镜头所需的拍摄时间尤为重要，酒店摄影需要一个更加柔和的光比，为此，必要时可采用补光或后期合成的方式。

酒店类空间摄影表现的色彩：

酒店类空间摄影表现的色彩主要受物原色和光源色两个因素的影响，想得到一张恰当色彩的照片就要解决好光源色的问题。酒店设计使用的灯光源的色温是最复杂的，叫作"混合光源"，它们由不同色温的光源组成，在拍摄时要注重感受现场的灯光色彩感，并找到一个恰当的色彩倾向，尽量在照片中还原这种现场感受，一般来说，酒店的色彩调性整体倾向暖色更容易被客户接受。因此，酒店类空间摄影表现的色彩没有理性的标准，更像是一次现场感受的还原。

办公类空间的摄影表现

办公类空间摄影表现的特点：

办公类空间摄影表现受其功用的影响，对空间利用以及采光、照明有着相对严格的要求。办公类项目又可以分为政府企业型和创意型两大类，前者往往是大型和独立建筑办公项目，大部分建筑在建造时已经考虑到了未来的用途，因此在自然采光和空间分配上内建筑的设计很难有大的突破，后者基本是中小型办公项目，很多项目存在于产业园区或旧建筑改造的建筑体内，这些办公项目的建筑属于非量身定制的，因此内建筑需要在设计中发挥优势，对原建筑的优劣特点进行利用和规避，这类项目对于拍摄是最有趣也是最有挑战性的。

办公类空间摄影表现的难点：

办公项目拍摄的难点主要体现在两个方面，一是如何控制自然采光下内外景的光比，二是这类项目多使用石材和反射较强的装饰材料，如何规避反光。

办公类空间摄影表现的构图：

办公项目在摄影表现中强调空间的协调、整洁，大多数情况下，极简主义的表现风格比较适合办公项目的拍摄，在拍摄时应注意对结构造型和装饰线条的归纳。另外，镜头焦距的选用也并非越广越好，太广的镜头会造成画面的空洞，要注重大场景的表现也不可忽视那些有趣的小景。

办公类空间摄影表现的光线：

办公项目对光线有相对严格的要求，必须要保证光线的强度对人体的适配度，因此，无论是自然采光还是夜晚的人造光线都不适宜曝光太暗，干净、明亮的画面在办公类摄影作品中是非常重要的。

办公类空间摄影表现的色彩：

室内摄影中的色彩主要由物体原色和光色温两部分构成，前者受后者和曝光的影响而改变，而办公项目往往需要干净、整洁的画面，这就要求在前期拍摄时掌握好曝光量，并设定好相机的色温。在后期制作时要以还原物原色为主旨，根据办公属性的差异可适当地调整色彩倾向。

售楼处的摄影表现

售楼处摄影表现的特点：

售楼处的业态属性很特别，既有酒店会所的舒适又有办公和展示的功能，因此售楼处在地产项目中也是风格变化较为多样的设计种类，但是因为很多售楼处不是永久性建筑，因此，在材料、照明、软装和空间结构上也是能省就省。这也是其在品质上有别于酒店会所类项目的主因。

售楼处摄影表现的难点：

售楼处的特殊功能要求其在空间布局上分割出不同的功能区域，这些区域在材料、灯光运用及空间动线布局关系方面如何做到既有区分又整体协调是考验设计能力的重要因素，也是摄影中无法规避的难点。

售楼处摄影表现的构图：

一般来说，售楼处的多功能特点容易使空间分散、杂乱，很多好的设计都会营造一个以前台形象展示或楼盘模型展示为中心的核心造型空间，在展现大场景时以这个核心造型作为画面重心，可以避免因功能过多而产生的分散杂乱。另外不可忽视不同功能的空间展示，要利用不同功能空间之间的关系借景表现，强调空间的互动关系。如果这种关系处理得好，不但可以避免因功能空间过多而产生的无序感，还可以使摄影画面更加生动、有趣。

售楼处摄影表现的光线：

售楼处的光线往往也像其多功能空间一样具有多样性，因不同的空间功能各异，设计师往往以灯光区分空间氛围，例如形象展示空间和楼盘模型展示空间就有很大不同，洽谈区往往以灯光营造一种酒店会所式的温馨、私密氛围。摄影表现时要注意区分这些光线的差异，并恰当地把握其相互关系，并把不同的光强度控制在可控的宽容度范围之内。不可忽视的是因曝光和光比控制的不同，会得到不同的影调关系，影调关系会直接影响空间氛围，而特定的空间氛围恰恰是设计师和客户想看到的。

售楼处摄影表现的色彩：

售楼处的色彩也是多样的，不同风格所呈现的色彩关系各不相同，比如欧式古典风格和偏暖色调的色彩关系更丰富，简约风格和中性灰色调色彩更和谐等，拍摄者要善于观察和利用现场装饰风格的特点，并在后期色彩处理时配合装饰风格营造空间氛围。